基层供电企业员工岗前培训系列教材

# 线路施工测量

河南省电力公司 组编

戴　泌　主编

刘雷昌　主审

U0289047

中国电力出版社

**CHINA ELECTRIC POWER PRESS**

## 内 容 提 要

《基层供电企业员工岗前培训系列教材》是依据《国家电网公司生产技能人员职业能力培训规范》，结合生产实际编写而成的。

继 2010 年本套教材推出 14 个分册之后，2012 年又推出 8 个分册。目前，本套教材共有 22 个分册。本册为《线路施工测量》分册，主要内容有：线路测量基本知识、经纬仪、角度测量、距离和高差测量、全站仪、全球定位系统简介、线路设计测量介绍、线路施工复测和分坑测量、杆塔基础的操平找正及杆塔检查、架空线弧垂观测及检查等。本书图文并茂，对线路施工测量进行了详细的阐述，力求贴近实际，缩短培训与企业需要的距离。

本书可作为基层供电企业新员工、复转军人入职和生产技术人员提升职业能力的培训用书，也可供电力职业院校教学使用。

### 图书在版编目（CIP）数据

线路施工测量/戴泌主编；河南省电力公司组编 . —北京：中国电力出版社，2012.9（2020.7重印）

基层供电企业员工岗前培训系列教材

ISBN 978 - 7 - 5123 - 3453 - 3

Ⅰ.①线… Ⅱ.①戴… ②河… Ⅲ.①架线施工—施工测量—岗前培训—教材 Ⅳ.①TM752

中国版本图书馆 CIP 数据核字（2012）第 205955 号

中国电力出版社出版、发行

（北京市东城区北京站西街 19 号 100005 http：//www.cepp.sgcc.com.cn）

三河市百盛印装有限公司印刷

各地新华书店经售

*

2012 年 9 月第一版 2020 年 7 月北京第五次印刷

710 毫米×980 毫米 16 开本 9.5 印张 171 千字

印数 4501—5500 册 定价 **24.00** 元

## 《基层供电企业员工岗前培训系列教材》

# 编 委 会

主　　任：凌绍雄

副 主 任：焦银凯　　杨义波

委　　员：孙永阁　　陈水增　　王　静　　张　静　　邓启民

　　　　　李忠强　　惠自洪　　郭海云　　戴　泌　　付红艳

　　　　　易　帆　　王生甫　　赵玉谦

# 前　言

　　为了增强基层供电企业员工岗前培训的针对性和实效性，进一步提高岗前培训员工的综合素质和岗位适应能力，河南省电力公司牵头组织，河南省电力公司技术技能培训中心郑州校区和南阳校区的教学管理人员及部分教师共同策划、编写了《基层供电企业员工岗前培训系列教材》。该套教材按照电网主要生产岗位的能力素质模型和岗位任职资格标准，实施基于岗位能力的模块培训，提高培训教学的针对性和可操作性，培养具有良好职业素质和熟练操作技能、快速适应岗位要求的中级技能人才。

　　该套教材针对基层供电企业员工岗前培训的特点，在编写过程中贯彻以下原则：

　　第一，从岗位需求分析入手，参照国家职业技能标准中级工要求，精选教材内容，切实落实"必须、够用、突出技能"的教学指导思想。

　　第二，体现以技能训练为主线、相关知识为支撑的编写思路，较好地处理了基础知识与专业知识、理论教学与技能训练之间的关系，有利于帮助学员掌握知识、形成技能、提高能力。

　　第三，按照教学规律和学员的认知规律，合理编排教材内容，力求内容适当、编排合理新颖、特色鲜明。

　　第四，突出教材的先进性，结合生产实际，增加新技术、新设备、新材料、新工艺的内容，力求贴近生产实际，缩短培训与企业需要的距离。

　　继 2010 年本套教材推出 14 个分册之后，2012 年又推出 8 个分册。目前，本套教材共有 22 册。本分册为《线路施工测量》，共分为 10 个单元，主要介绍了线路测量基本知识、经纬仪、角度测量、距离和高差测量、全站仪、全球定位系统简介、线路设计测量介绍、线路施工复测和分坑测量、杆塔基础的操平找正及杆塔检查、架空线弧垂观测及检查。本书由河南省电力公司组编，戴泌主编，刘雷昌、梁文博主审，其中单元一由戴泌、邵永刚编写；单元二由刘雷昌、邵永刚编写；单元三及单元四由戴泌编写；单元五及单元六由刘雷昌编写；单元七由王景芳编写；单元八由尹建编写；单元九由王爱众编写；单元十由孙伟利编写。

由于编写时间仓促，水平有限，难免出现疏漏，敬请读者在使用中多提宝贵意见，以便修订时加以完善。

编　者

2012 年 5 月

基层供电企业员工岗前培训系列教材

# 目 录

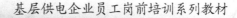

单元一

# 线 路 测 量 基 本 知 识

## 课题一　测量及其在线路施工中的作用

**学习目标**

通过学习对测量学及线路测量有一个概括的了解，知道线路测量在线路建设工程中的作用。

**知识点**

1. 测量学的意义。

2. 测量学的发展概况。

3. 线路测量在线路建设工程中的作用。

4. 测量放线工作的准则。

5. 测量记录的基本要求。

6. 本课程的特点和学习方法。

**技能点**

1. 线路测量在线路施工中的应用。

2. 学习本课程的方法。

**学习内容**

### 一、测量学的意义

测量学是研究地球形状和大小，测定地面点（包括空中和地下）位置和高程，将地球表面的形状及其他信息测绘成地形图的科学。测量学按其研究范围和对象不同，产生了许多分支学科，包括普通测量学、大地测量学、摄影测量学、工程测量学、海道测量学等学科。工程测量学定义为：在工程建设勘探设计、施工和管理阶段所进行的各种测量工作。为线路建设工程所进行的测量就是工程测量学中的一种。测量学包括测定和测设两部分内容：测定是指通过使用测量仪器及工具进行测量和计算，把地球表面的地形按比例绘制成地形图，供科学研究、经济建设、规划设计等使用；测设是指把图纸规划设计好的建筑物、构筑物的位置在地表面上标出

1

来，作为施工的依据。

**二、测量学的发展概况**

（一）测量学的发展

早在公元前 6 世纪，古希腊的毕达哥拉斯就提出了地球形状的概念。2 个世纪后，亚里士多德作了进一步论证。又过了 1 个世纪，埃拉托斯特尼用在南北两地同时观测日影的办法首次推算出地球子午圈的周长。在人类认识地球形状和大小的过程中，测量学获得了飞速的发展。例如：三角测量和天文测量的理论和技术、高精度经纬仪制作的技术、距离丈量的技术及有关理论、测量数据处理的理论以及误差理论等。

我国古代测量长度的工具有丈杆、测绳（常见的有地笆、云笆和均高）、步车和记里鼓车；测量高程的仪器工具有矩和水平（水准仪）；测量方向的仪器有望筒和指南针。我国古代的测绘成就除编制历法和测绘地图外，还测量了从河南白马，经过浚仪、扶沟到上蔡的距离和北极高度，为人类正确认识地球作出了贡献。北宋时沈括在《梦溪笔谈》中记载了磁偏角的发现。元代郭守敬在测绘黄河流域地形图时，"以海面较京师至汀梁地形高下之差"，是历史上最早使用"海拔"概念的人。

中华人民共和国成立后，我国测绘事业有了很大的发展。建立和统一了全国坐标系统和高程系统；建立了遍及全国的大地控制网、国家水准网、基本重力网和卫星多普勒网；完成了国家大地网和水准网的整体平差；完成了国家基本图的测绘工作；完成了珠穆朗玛峰和南极长城站的地理位置和高程的测量；配合国民经济建设进行了大量的测绘工作。例如进行了南京长江大桥、葛洲坝水电站、宝山钢铁厂、北京正负电子对撞机等工程的精确放样和设备安装测量。在测绘仪器制造方面，不仅能生产系列的光学测量仪器，还成功研制了各种测程的光电测距仪、卫星激光测距仪和解析测图仪等先进仪器，大大提高了我国测绘科技水平。

（二）3S 技术发展概况

1. GPS 全球定位系统

我国 GPS 技术研究和应用可分为两个阶段：第一阶段是 20 世纪 80 年代，以测绘领域的应用为主，引进 GPS 技术和接收机，开发 GPS 测量数据处理软件，以静态定位为主，现在全国施测上千个不同精度的 GPS 点，包括国家 A、B 级网点；第二阶段是进入 20 世纪 90 年代，随着 GPS 技术的发展，GPS 定位从静态扩展到动态，从事后处理扩展到实时或准实时定位和导航。

全球定位系统将在单元六介绍。

2. RS 遥感技术

遥感是指从远距离高空空间的各种平台上利用可见光、红外、微波等电磁波探测仪器，通过摄影和扫描、信息感应、传输和处理，研究地面物体的形状、大小、位置及环境关系与变化的现代科学技术。现代遥感技术具有以下特点：

（1）传感器的不断更新。目前除了框幅式可见光黑白摄影、多谱摄影、彩色摄影、新红外摄影、紫外摄影仪器外，还有全景摄影机、红外扫描仪、红外辐射计、多谱段扫描仪、成像光谱仪、合成孔径雷达和激光测高仪等。这些传感器用不同的方式，对电磁波不同的谱段所获得的对地观测数据，以硬拷贝的返回方式和软拷贝的传输方式提供原始的遥感数据。

（2）影像分辨率形成多级序列，可提供从粗到精的对地观测数据，全面体现在空间分辨率。先进的卫星影像分辨率可达到1m。多级分辨率的实现，使人们可以在粗分辨率的影像上快速发现可能发生变化的地区，进而在精分辨率的影像上详细分析这些变化情况。

（3）多时相特征，可以反复获得同一地区的影像数据。这种多时相性为人们提供了长期、系统、全面和动态研究地球表面变化规律的可能性、客观性和科学性。

我国遥感技术发展已从单纯的应用国外卫星资料到发射自主设计的遥感卫星，如气象研究的风云系列卫星。遥感图像处理技术也取得很大发展，如机载224波段成像光谱仪、全数字摄影测量系统等。

3. GIS 地理信息系统

地理信息系统是以采集、存储、描述、检索、分析和应用与空间位置有关的属性信息的计算机系统，它是集计算机、地理、测绘、环境科学、空间技术、信息科学、管理科学、网络技术、现代通信技术、多媒体技术为一体的多学科综合而成的新兴学科。

GIS 有两个显著特征：一是它可以像传统的数据库管理系统那样管理数字和属性信息及空间图形信息；二是它可以利用各种空间分析的方法，对多种不同的信息进行综合分析、寻求空间实体间的相互关系，分析处理在一定区域内分布的现象和过程。

目前，GIS 正向多功能、高精度、现实性强的方向发展。如 TGIS，研究区域随时间演变来推测和预报"未来"，并作出科学分析；3DGIS，研究图像可视性，利用空间位置探索空间影像；多媒体技术导入 GIS 中，使 GIS 的功能更强大，具有声音、动画等效果，可以模拟人类、动物的特征，更具智能化；网络 GIS 是当前研究领域中另一个热门话题，使 GIS 的媒介对象更丰富，从而与社会、人类生活密不可分。

我国的 GIS 的发展和应用较为迅速和广泛。在软件方面，已经成功开发出MapGIS、GeoStar、CityStar 等，综合和专题 GIS 开发数不胜数。测量学的发展对改善人们的生活环境、提高人们的生活质量起着重要作用；而工程测量学在电力施工、运行和检修工作中的作用也必将越来越重要。

**三、测量在线路建设中的作用**

测量工作在线路工程建设中起着十分重要的作用，具体有以下 4 点。

（1）在工程规划阶段要依据地形图确定线路的基本走向，得到线路长度、曲折系数等基本数据，用以编制投资概算，进行工程造价控制，论证规划设计的可行性。

（2）在工程设计阶段要依据地形图和其他信息进行选择和确定线路路径方案，实地对路径中心进行测定，测量所经地带的地物、地貌，并绘制成具有专业特点的线路平断面图，为线路电气、杆塔结构设计、工程施工及运行维护提供科学依据。

（3）在施工阶段，要依据平断面图对杆塔位置进行复核和定位，要依据杆塔中心桩位准确地测设杆塔基础位置，精确测量架空线的弧垂。

（4）施工完毕后，须对基础、杆塔、架空线弧垂的各项数据进行检测，确保施工质量符合设计要求，以保证线路运行安全。

线路路径纵断面、横断面和路径区域带状平面内的地物、地貌测定以及绘制平断面图是由专业技术人员负责完成的，称为设计测量。而根据设计图纸进行实地定位的测量称为施工测量，如复测分坑测量等。设计测量线路路径中所使用的测量方法，在施工测量中都可借鉴利用。因此，从事线路施工的工作人员，应具备测量学的一些基本知识和技能。

综上所述，把本课程作为输电线路工的一门必修专业技术课程，是非常必要的。

**四、测量放线工作的准则**

（1）遵守国家法令，执行测量规范，明确为工程服务、对工程负责的工作目的。

（2）遵守先整体后局部的工作程序。

（3）坚持测量、计算工作步步有校核的工作方法。

（4）采用科学、简捷的测量方法，保证精度合理、相称。

（5）执行自检、互检和上级复检的工作制度。

（6）发扬团结协作、实事求是、不断提高的工作精神。

**五、测量记录的基本要求**

（1）原始真实、数字正确。记录应在观测现场及时填写在规定的表格中，不允许转抄誊清。

（2）内容完整、字体工整。应填项目不能空缺，字体规范，排列整齐。记错或算错的数字不准涂改或擦掉，只能将错数画一斜线，并将正确数字写在错数上方。

### 六、本课程的特点和学习方法

测量学是一门实践性很强的应用科学。通过本课程的学习，达到掌握线路测量的基本理论、基本知识和基本技能，能正确使用测量仪器和工具，在理解基本概念和了解各种测量方法的基础上，加强实践操作过程，熟练掌握操作步骤，以便为工程技术服务。

### ❓ 思考与练习

问答题

1. 为什么说测量工作在线路工程建设中起着十分重要的作用？
2. 简述本课程的特点和学习方法。

# 课题二　函数计算器的使用方法

### 学习目标

1. 学习线路测量中常用的数学基础知识，并能够在线路测量中熟练应用。
2. 会使用函数型计算器。

### 知识点

1. 测量中常用的数学基础知识。
2. 函数计算器的使用方法。
3. 地形图的阅读和应用。

### 技能点

1. 常用数学基础知识的应用。
2. 正确熟练使用函数型计算器。

### 学习内容

### 一、常用的数学基础知识

（一）几何基础知识

1. 换算

度的常用表示有角度制和弧度制两种。

（1）角度制。

1 圆周＝360°

$1°=60'$

$1'=60''$

（2）弧度制。

360°＝2π 弧度

180°＝π 弧度

（3）角度与弧度的换算。

$1° = \dfrac{\pi}{180}$ 弧度

1 弧度 $= \left(\dfrac{180}{\pi}\right)°$

2. 三角形

三角形如图 1-1 所示。

（1）三角形内角和等于 180°。

（2）三角形面积 $= \dfrac{1}{2} ×$（底×高）。

（3）在直角三角形中，斜边的平方等于两直角边的平方和。

3. 圆心角

在圆中，圆心角的度数等于它所对的弧的度数，如图 1-2 所示。

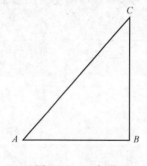

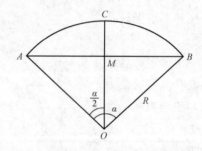

图 1-1　三角形　　　　　　　　图 1-2　圆心角

（二）三角函数基础知识

图 1-3 为测量直角坐标系，数学上的三角和解析几何中的有关公式，可以直接应用到测量计算中。

角 α 的三角函数正弦（sinα）、余弦（cosα）、正切（tanα）定义如下

$$\sin\alpha = \frac{对边}{斜边} = \frac{\Delta Y_{12}}{D_{12}}$$

$$\cos\alpha = \frac{邻边}{斜边} = \frac{\Delta X_{12}}{D_{12}}$$

$$\tan\alpha = \frac{对边}{邻边} = \frac{\Delta Y_{12}}{\Delta X_{12}}$$

角 $\alpha$ 的反三角函数分别表示为 $\arcsin\alpha$（反正弦）、$\arccos\alpha$（反余弦）、$\arctan\alpha$（反正切）。

## 二、函数型计算器的使用

函数型计算器是指除进行简单的加、减、乘、除运算外，还可以进行乘方、开方、指数、对数、三角函数等计算的计算器。下面主要结合测量计算的有关内容，介绍其应用。

（一）常用按键功能

1. 电源开关键。在各种计算器中，电源开关键分为按键和按钮两种形式。通常用［OFF］表示关，用［ON］表示开。在按键形

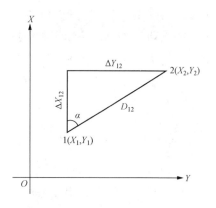

图 1-3　测量直角坐标系

式下，表示开的标注有［ON］或［ON/C］等。开机后，显示屏上显示数字 0，表示电源接通，并自动清零。多数计算器具有自动关机功能，即在一定时间内无任何操作，可自动断电关机。

2. 数字键［0］～［9］、小数点键［·］和符号变换键［＋/－］分别用于输入整数、小数、正负数等数字，对于负数，先输入数字，然后按［＋/－］键。［＋/－］键可使显示屏上显示的非零数字在正、负之间变换。

3. 基本运算键［＋］、［－］、［×］、［÷］、［＝］，用以进行四则运算。多数类型的计算器，是按照先乘除、后加减的运算规则进行运算的。但也有一些计算器是依照输入的先后次序进行运算的，如输入 3＋2×5＝将显示 25，这一不同点务必注意，以免计算错误。

4. 倒数键［1/X］、平方键［X²］和开方键［√ ］。［1/X］键将显示屏上数字以倒数的形式显示出来。［X²］键计算显示屏上数字的平方值。［√ ］键计算显示屏上数字的平方根。例如，显示屏上显示 5，按［1/X］键将显示 0.2，再按［X²］将显示 0.04；又如，屏幕上显示 196，按［√ ］将显示 14。

5. 清除键［AC］（或［CA］、［C］、［ON/C］）。用以清除全部输入的数字和运算结果，使显示屏上显示数字 0。

6. 部分清除键［CE］或［C］。用以清除刚刚输入的错误数字，然后输入正确数字，可以继续进行运算而无需重新输入。

7. 存储键［Min］或［X→M］、［STO］。用以将显示屏上显示的数字进行存储，原来存储的数据将自动清除。

8. 储存显示键［MR］（或［RM］）。用以显示存储的数据，并可参与计算。

9. 功能转换键［2ndF］（或［2nd］、［F］、［INV］）。在计算器上，大多数按钮均有两个功能。键本身的功能为第一功能，直接按键即可。键上方标注的为第二功能，需要按下功能转换键后再按该键，即执行第二功能。

10. 存储累加键［M+］和存储累减键［M−］。存储累加键与存储累减键的区别是将显示屏上显示的数字送到存储器中与原先存储的数据求代数和并存储，没有自动清零的操作。存储累减键是从存储的数据中减去显示屏上的数字并存储。

（二）角度及函数的计算

角度有度、弧度和梯度三种单位，也称为三种模式。

（1）把整个圆周平分为 360 份，每一份圆弧所对应的圆心角称为 1 度，这种以度来度量角度的方法称为角度制。

（2）把与半径长度相等的圆弧所对应的圆心角称为 1 弧度角，这种以弧度来度量角度的方法称为弧度制。

（3）把整个圆周平分为 400 梯度的度量角度方法称为梯度制，这是欧洲通行的一种角度度量方法。

在计算器上，角度制以 DEG 模式显示，弧度制以 RAD 模式显示，梯度制以 GRAD 模式显示。线路测量计算中以角度制进行计算，因此必须采用 DEG 模式。可以操作［DRG］键，使显示屏上显示 DEG，即为 DEG 模式。

角度制是以六十进制进位的，而计算器计算是以十进制进位的，因此在计算角度时必须先换算成十进制才能进行，计算完成后再换算为六十进制进行显示。

【例1】 SH 型计算器操作实例见表 1-1。

表 1-1　　　　　　　　　　SH 型计算器操作实例

| 序号 | 例 题 内 容 | 操　　作 | 显　　示 |
|------|-------------|-----------|----------|
| 1 | $45°25'36''+137°56'43''=?$ | "DEG" 45.2536 [→DEG]<br>［+］137.5643 [→DEG]<br>［=］[2ndF]［→DEG］ | 183.2219<br>（即 $183°22'19''$） |
| 2 | $\sin45°25'36''=?$ | "DEG" 45.2536 [→DEG] [sin] | 0.7123…… |
| 3 | $\arccos(0.7161)=?$ | "DEG" 0.7161 [2ndF]<br>［cos］[2ndF]［→DEG］ | 44.1600<br>（即 $44°16'00''$） |

其他型号的函数计算器常规计算可参照上述方法，但是某些型号的函数计算器进行角度或三角函数计算时，与本教材所述的操作方法有所不同，请读者按照使用说明书介绍的方法进行操作，以免引起错误。

**？思考与练习**

### 一、选择题

下列每道题都有 3 个答案，其中只有 1 个正确答案，将正确答案填在括号内。

1. 角度有度、弧度和梯度三种单位，也称为三种模式，在线路测量中常使用（　　）。

（A）度；　　　　　（B）弧度；　　　　　（C）梯度。

2. 在计算器上，角度制以（　　）模式显示。

（A）GRAD；　　　（B）RAD；　　　　（C）DEG。

### 二、判断题

判断下列描述是否正确。对的在括号内画"√"，错的在括号内画"×"。

1. 角度制是以十进制进位的，计算器计算是以六十进制进位的。　　　　（　　）

2. 计算角度时必须先换算成十进制才能进行，计算完成以后再换算为六十进制进行显示。　　　　　　　　　　　　　　　　　　　　　　（　　）

# 课题三　地形图的阅读和应用

**学习目标**

1. 学习地形图的有关知识。

2. 掌握地形图在线路工程中的应用。

**知识点**

1. 地形图比例尺。

2. 地形图的地物、地貌表示。

3. 地形图在线路工程中的应用。

**技能点**

结合线路工程，能够进行地形图的阅读和应用。

**学习内容**

将地面上所有地形、地貌沿铅垂线投影到投影面上，按一定比例缩小绘制成图，以图的形式表示地面状况，图上反映出地物的平面位置，并用图式符号表示地球表面起伏不平的地貌状态，这种图称为地形图。

地形图按照国家统一制定的格式、符号和文字注记表示内容，所以掌握这些规则对阅读和应用地形图是非常必要的。

## 一、地形图的比例尺

地形图上任意一线段的长度与它表示的地面上实际水平距离之比，称为地形图比例尺。比例尺一般用分子为1的分数表示。设图上某一段直线长度为$d$，地面上相应线段的水平距离为$D$，则该图的比例尺为

$$\frac{d}{D}=\frac{1}{M}$$

式中　$M$——缩小的倍数。

比例尺分母越小，比值越大，比例尺越大；反之，分母越大，比值越小，比例尺也越小。通常有1:500、1:1000、1:2000、1:10000和1:25000等比例尺的地形图。地形图比例尺越大，图上显示的地形就越详细；地形图比例尺越小，图上显示的地形就越简略。线路工程中常用1:10000、1:50000比例尺的地形图。

以上所述的用分数形式表示的比例尺称为数字比例尺，也有用图解法把比例尺绘在图上，作为图的组成部分的比例尺称为直线比例尺，如图1-4所示。

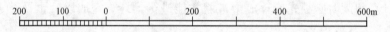

图1-4　直线比例尺

## 二、地形图上地物、地貌的表示

地形图中表示的符号主要有地物符号、地貌符号和注记符号，它们表示实际的地物和地貌，这些符号的总称为地形图图式，见表1-2。

表1-2　　　　　　　　　　地 形 图 图 式

| 符号名称 | 图 例 | 符号名称 | 图 例 |
|---|---|---|---|
| 三角点<br>分子注点名<br>分母注高程 | 3.0mm ▽ $\frac{16}{98.051}$ | 大车路 | 8.0mm 2.0mm |
| 导线点<br>分子注点名<br>分母注高程 | 2.5mm ⊙ 1.5mm $\frac{16}{312.56}$ | 乡村路<br>（人行小路） | 4.0mm 1.0mm |
| 水准点<br>分子注点名<br>分母注高程 | 2.0mm ⊗ $\frac{29}{58.806}$ | 沟、渠 |  |

续表

| 符号名称 | 图　例 | 符号名称 | 图　例 |
|---|---|---|---|
| 永久性房屋（三层） | 3 | 人行桥车行桥 | |
| 普通房屋 | | 堤坝 | |
| 烟囱 | 3.5mm　1.0mm | 经济作物 | |
| 火电厂、水电厂、变电所（站） | | 水稻田 | |
| 电力线 | 4.0mm | 菜园 | |
| 通信线 | | 旱地 | |
| 铁路（单轨）铁路（双轨） | | 河流、湖泊、水库、水涯线及流向 | |
| 普通公路高速公路 | | 等高线 | 386.6m　376.5m　370m |

房屋、铁路、道路、河流等地物符号，根据实际大小按比例尺缩小的规定符号表示，称为比例符号。尺寸太小的地物，不能用比例符号表示，而用一种形象符号表示，如水准点、界碑、水井等地物是用非比例符号来表示的。对于一些带状延伸的地物，其横向宽度太小，不能按比例绘于图上，如小路、通信线、电力线等，用一条与实际走向一致的线条表示，称为线性符号。有些地物除了用规定的符号表示外，还需要附加说明和注记，如河流、湖泊的水位，村庄、城镇、铁路、公路的名称，称为注记符号。

### 三、地形图在线路工程中的应用

在工程规划阶段，根据地形图选择线路基本走向、确定线路长度和估算工程投资，进行电网规划。

在工程设计阶段，利用地形图进行路径设计，先在图上标出线路的起讫点及中间必须经过的点的位置，以便了解线路经过区域的有关城市规划、军事设施、工厂、水利设施、林区及经济作物区，已有或拟建的电力线、通信线及其他重要管线的位置和范围。按照线路起讫点间距离最短的原则，综合考虑地形、交通条件的因素，绘出若干个方案进行比选。然后，经现场踏勘，优化比较，确定最佳方案。

在线路施工阶段，根据地形图的地物、地貌特征确定施工方案，根据交通情况选择运输工具和方式，根据线路沿线情况确定材料堆放站和施工人员驻地。

在维护管理阶段，利用地形图可以掌握线路通道和各塔位的地物、地貌情况，以便对线路通道走廊进行管理。当线路发生短路故障时，通过距离保护装置可迅速确定事故地点，有效地组织检修。

### ❓ 思考与练习

**一、判断题**

判断下列描述是否正确。对的在括号内画"√"，错的在括号内画"×"。

1. 地形图比例尺越小，图上显示的地形就越详细。　　　　　　　　（　　）

2. 地形图比例尺越小，图上显示的地形就越简略。　　　　　　　　（　　）

**二、问答题**

什么叫地形图的比例尺？

# 单元二

# 经 纬 仪

> 经纬仪是基本测量仪器之一，可以测定方向、测量水平角、竖直角、距离和高程，它的用途很广。本单元介绍光学经纬仪和电子经纬仪，光学经纬仪是传统的测量仪器，电子经纬仪与光学经纬仪的主要区别在于度盘读数系统有较大改进。

## 课题一　光学经纬仪的构造和读数方法

**学习目标**

1. 了解光学经纬仪的基本构造及各操作部件的名称和作用，学会使用方法。

2. 掌握光学经纬仪的操作方法，学会光学经纬仪的读数方法。

**知识点**

1. 光学经纬仪的主要部件。

2. 光学经纬仪的读数方法。

**技能点**

1. 熟悉光学经纬仪的结构及各部件的作用。

2. 光学经纬仪的读数方法。

**学习内容**

**一、光学经纬仪的主要部件**

线路施工测量中，常使用 DJ6 型光学经纬仪和 DJ2 型光学经纬仪，其中"D"、"J"分别为"大地测量"和"经纬仪"的汉语拼音首字母，数字表示仪器的精度，即一测回水平方向中误差的值，单位为秒。

国产光学经纬仪的基本部件类似，结构略有不同。图 2-1 为 DJ2 型光学经纬仪的外形，它由照准部、水平度盘、基座等主要部件组成。

1. 照准部

照准部是指基座上部能绕竖直轴旋转部分的总称。旋转照准部，可使望远镜照

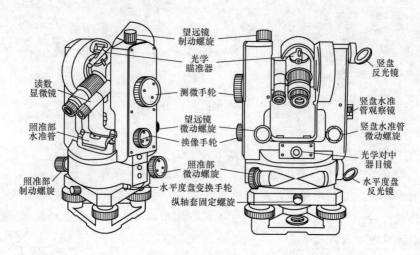

图 2-1　DJ2 型光学经纬仪外形

准不同方向上的目标。照准部由望远镜、竖直度盘、照准部水准管、读数系统等组成。

照准部可以绕内轴（竖直轴）在水平度盘上转动，并可用水平制动螺旋及水平微动螺旋控制它的转动。使用时应注意，只有将水平制动螺旋旋紧，才可使用微动螺旋。

（1）望远镜。构成视准轴，在照准目标时形成视准线，以便精确照准目标。

望远镜的主要作用是使观测者能清楚地瞄准目标。它由物镜、调焦透镜、十字丝分划板及目镜筒组成，如图 2-2 所示。

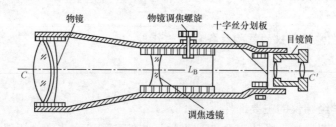

图 2-2　望远镜的组成

物镜面对被观测的物体，由 2 片或 2 片以上不同形状的透镜组成，其作用是将远处目标形成缩小的实像。

调焦透镜位于物镜与十字丝分划板之间，可使不同距离的目标在十字丝面上清晰地成像。

十字丝分划板是安装在望远镜物镜成像面上的固定标志线，一般是在玻璃平板上刻成相互垂直的细线，装在金属的十字丝环上而成，如图 2-3 所示。它的作用是确定视线的位置，精确照准目标。通过十字丝中心与物镜光心的连线称为视准轴，通常简称视线。中间的竖丝用来瞄准目标测定水平方向的位置，横丝用来测定竖直方向的位置和对标尺读数的标准位置。上下两条与横丝平行的短丝称为"视距丝"，可以测定距离。

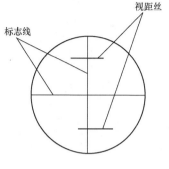

图 2-3 十字丝分划板

望远镜观测时靠近眼睛的透镜称为目镜。它的作用是把十字丝分划板上的影像放大显示清晰，供人眼观察。

（2）竖直度盘。它是由光学玻璃制成的圆盘，固定在横轴上，用来测量竖直角。

（3）照准部水准管。用来整平仪器，使水平度盘呈水平状态，并使竖轴呈垂直位置。

（4）光学读数系统。它由系列棱镜和透镜所组成。将水平度盘、竖直度盘的刻度以及分微尺的分划线通过棱镜组的光线折射，成像在读数窗内，在望远镜旁的读数显微镜中读出。

（5）垂直轴。作为仪器的旋转轴，测定角度时，应与测站铅垂线一致。

（6）水平轴。作为望远镜俯仰的转轴，以便照准不同高度的目标。

2. 水平度盘部分

它是由光学玻璃制成的圆盘，在边缘按顺时针方向刻 0°～360°的分划线，用来测量水平角。

3. 基座

基座是支撑仪器的底座，仪器的照准部连同水平度盘通过轴套固定螺钉固定在基座上。使用仪器时一定要拧紧轴套固定螺钉，以免搬运时上部与基座分离而坠地。

基座上有三个脚螺旋用于整平仪器，由连接螺旋使其与三脚架相连。连接螺旋下方设有垂球钩，用于悬挂垂球。将水平度盘中心对准在被测目标中心的铅垂线上的操作，称为对中。用垂球对中易受风力影响，光学经纬仪装有光学对中器，对中精度较高。

**二、光学经纬仪的读数方法**

1. 分微尺测微器的读数方法

这种类型的装置在 DJ6 型仪器中广泛采用。

设置读数光路，使度盘刻线的像通过 1 组棱镜、透镜的作用传递到读数显微镜内。如图 2-4 所示为使用分微尺的 DJ6 仪器读数显微镜中的视场情况。上格 Hz 是水平度盘和测微器的影像，下格 V 是竖直度盘和测微器的影像。

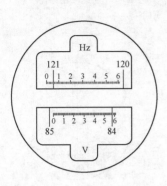

图 2-4　分微尺测微器

在分微尺上刻有 0～60 的分划线，这 60 格总的间隔即分微尺的总长与水平度盘及竖直度盘上 1° 的间隔经放大后的影像等长。在度盘上的 1 格为 1°，而在分微尺上的 1 格为 1′。仪器的照准部在转动时，分微尺也随之同步转动。以分微尺的 0 分划线为指标线，当照准某一目标时，指标线所指的度盘分划就是该目标的方向值。但是指标线不一定指在分划线上，往往指在 2 条分划线之间，读数时首先从度盘上读出度数，其次在分微尺上读取分数值，分数以下的小数是由最后估读而成的。

图 2-4 所示水平度盘读数为 121°05′00″，竖直度盘读数为 84°57′00″。

下面将读数方法归纳如下：

（1）目标照准之后，度盘上的分划线落在分微尺上，此条分划线的值就是度。

（2）该条分划线所指分微尺上的分格数，即为分值。

（3）指标线在两分划线之间时要估读至 0.1′，具体方法是：把指标线所处的两分划线间距目测为十等份，看指标线距离注记较小一端分划线占到几等分再乘 6″可得估读秒值。这三项相加就是此方向的全读数。

2. DJ2 型光学经纬仪的读数方法

DJ2 型光学经纬仪普遍采用光学测微器符合法读数。如图 2-5 所示，视场分上、中、下三个窗，上窗为数字窗，中窗为符合窗，下窗为秒盘窗。

在读数之前应先调节读数目镜，旋转读数目镜，使读数视场的中窗的中间隔离线细而略有发白，此时上、下度盘影像黑而实，观测者头部上、下、左、右晃动度盘影像与隔离线应无相对位置变动。

当精确瞄准目标后，一般来说上、下度盘影像是不齐的，此时上面数字窗中的框也没有框上数字，无法进行读数，如图 2-5（a）所示，旋转测微手轮，使上、下度盘影像做相对运动，以达到上下度盘影像完全对齐——精确符合。此时框线标志正好框住 2 个数字，如图 2-5（b）所示，此时可以进行读数。

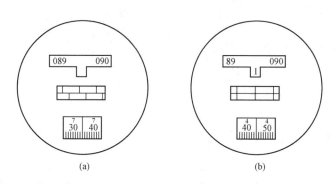

图 2-5 垂直视场

（a）垂直未符合前视场；（b）垂直已符合视场

$$
\begin{aligned}
\text{数字窗：} && 90°10' && \\
\text{秒 窗：} && 4'45'' && \\
\hline
&& 90°14'45'' &&
\end{aligned}
$$

数字窗：框上方表示度数值，如图 2-5（b）所示为 90°；

框住的字表示十位分数值，如图 2-5（b）所示，框中 1 表示 10′。

秒框：1~9 表示分数值，如图 2-5（b）中所示，4 表示 4′，秒数值从左向右增大每 1 小格为 1″，每 10″一注记，未注记的中间长线为 5″值。

如图 2-5（b）所示，最终读数为 90°14′45″。

**❓思考与练习**

**判断题**

**一、判断下列描述是否正确。对的在括号内画"√"，错的在括号内画"×"。**

1. 只有将水平制动螺旋旋紧，才可使用微动螺旋。　　　　　　　　（　　）

2. 水平度盘是用光学玻璃制成的圆盘，在边缘按逆时针方向刻 0°~360°的分划，用来测量水平角。　　　　　　　　　　　　　　　　　　　　（　　）

**二、问答题**

光学经纬仪的主要作用是什么？简述光学经纬仪的构造。

# 课题二　光学经纬仪的使用

**学习目标**

通过实训操作，掌握经纬仪的对中、整平方法。

**知识点**

1. 经纬仪的对中、整平。

2. 望远镜的使用。

3. 测量仪器使用注意事项。

**技能点**

经纬仪的对中、整平方法。

**学习内容**

在使用光学经纬仪观测目标前，仪器必须经过对中、整平两个步骤，称为仪器的安置，是使用经纬仪的基本技能。

**一、对中**

对中就是使经纬仪的竖轴中心线与观测点重合。光学经纬仪可用光学对中器对中，对中的操作步骤及方法如下：

（1）将仪器中心大致对准地面测站点。

（2）通过旋转光学对中器的目镜调焦螺旋，使分划板对中圈清晰；通过推、拉光学对中器的镜管进行对光，使对中圈和地面测站点标志清晰显示。

（3）移动脚架或在架头上平移仪器，使地面测站点标志位于对中圈内。

（4）逐一松开三脚架架腿制动螺旋并利用伸缩架腿（架脚点不得移位）使圆水准器气泡居中，大致整平仪器。

（5）用脚螺旋使照准部水准管气泡居中，整平仪器。

（6）检查对中器中地面测站点是否偏离分划板对中圈。若发生偏离，则松开底座下的连接螺旋，在架头上轻轻平移仪器，使地面测站点回到对中器分划板对中圈内。

（7）检查照准部水准管气泡是否居中。若气泡发生偏离，需再次整平，即重复前面过程，最后旋紧连接螺旋。

**二、整平**

整平（也称置平）是使照准部上的水准管在任何方位时，管内的气泡最高点与管壁上刻划线的中点重合，也称气泡居中。此时仪器的竖轴垂直、水平度盘居于水平位置。整平的操作方法如下：

（1）拧松照准部的制动螺旋，使其水准管与脚螺旋 $B$、$C$ 的连线大致平行，如图 2-6（a）所示，然后两手同时向内（或向外）旋转脚螺旋 1 和 2，使水准管的气泡居中（气泡移动的方向与左手拇指运动的方向一致）。

（2）转动照准部，使水准管处于垂直脚螺旋 $B$、$C$ 连线的位置，如图 2-6（b）所示。单独旋转脚螺旋 $A$，使气泡居中。上述两个方位的操作需反复多次，才能使水准管的气泡在任何方位都居中，此为仪器的整平。

对中和整平要反复进行，直到两项均达到要求为止。

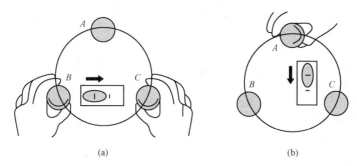

图 2-6　整平时的方法
（a）水准管平行两脚螺旋时；（b）水准管垂直两脚螺旋时

### 三、望远镜的使用

1. 照准

用望远镜的十字丝的交点对准观测目标称为照准。照准目标的步骤如下：

（1）目镜调焦。把望远镜对着明亮的背景，转动目镜进行调焦，使十字丝的分划线看得十分清楚为止。

（2）照准目标。松开望远镜制动螺旋，转动望远镜，利用望远镜筒上的缺口和准心照准目标后，即拧紧制动螺旋。为减少目标竖立不直的影响，尽量用十字丝交点瞄准底部，或双竖丝正夹，或单竖丝平分目标花杆，如图 2-7 所示。

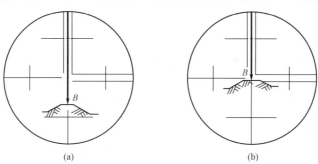

图 2-7　十字丝瞄准目标图
（a）瞄准标杆中部；（b）瞄准标杆根部

（3）物镜调焦。从望远镜内观察目标，转动调焦螺旋，使目标成像清楚，再转动微动螺旋，使十字丝精确照准目标。

（4）消除视差。物镜调焦后应使目标的像位于十字丝分划板上，否则，当眼睛靠近目镜上下微微晃动时，会发现十字丝和目标之间有相对移动，如图 2-8 所示，这种现象称为视差现象。它会影响读数的正确性，必须加以消除。消除的方法是：仔细反复地交替调节目镜和物镜调焦螺旋，直至成像稳定、读数不变为止。

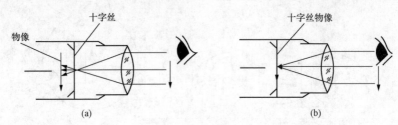

图 2-8　视差现象

(a) 有视差现象；(b) 没有视差现象

2. 精确整平

调节转动脚螺旋，速度要慢而均匀，使长水准气泡精确居中。

3. 读数

在精确整平的前提下，方可读数。应注意：转动望远镜后，每次都要重新调整脚螺旋，使长水准气泡居中后，再进行读数。

4. 记录和计算

记录工作的基本要求：所测得的数据要记录在规定的表格中，字体端正清楚，记录时间及时，数据真实可靠。

数据真实可靠是最基本的要求，只有将数字书写清晰，后视读数、前视读数分别记入规定位置，不涂改读数等，才能最大限度地减少各个环节中可能发生的差错，保证计算结果的精度。

**四、测量仪器使用注意事项**

测量仪器属精密设备，要注意爱护和保养。使用时应按照正确的操作方法，以免仪器遭受意外的损伤。因此，在使用仪器时应注意以下事项：

(1) 架空送电线路工程测量及检查用的仪器、仪表、量具等，必须经过检定，并在有效使用期内。

(2) 测量仪器和量具使用前必须检查，经纬仪最小角度读数不应小于 $1'30''$。

(3) 使用仪器前，应仔细阅读使用说明书，了解仪器的构造和各部件的作用及操作方法。

(4) 取仪器前，应记清楚仪器在箱中放置的位置，以便使用完毕后按原样放入箱中。取仪器时，应一手握住照准部支架，另一手握住基座，不能用手提望远镜。仪器装箱时，应稍微拧紧各制动螺旋，并小心将仪器放入箱内，如不合适或装不进去，应查明原因，不得强压。装入箱后，盖好箱盖，扣上箱扣。

（5）架设仪器时，先把三脚架支稳定后，再将仪器轻轻放在三脚架上，双手不得同时离开仪器，应一手握着仪器，另一手立即拧紧脚架与仪器连接的中心螺旋。转动仪器时，应手扶支架或度盘，平稳转动，应有松紧感。

（6）仪器需要搬移时，应拧紧各制动螺旋，以免磨损。若在平坦地面上近距离移动观测点时，应双手抱脚架并贴肩，使仪器稍竖直，小步平稳前进。距离较远或地形不平移动观测点时，应将仪器装入箱中搬运。仪器在运载工具上运输，应采取良好的防振措施。

（7）仪器不用时应放在箱内。箱内应有适量的干燥剂，箱子应放在干燥、清洁、通风良好的房间内保管，以免受潮。

（8）应避免阳光直接暴晒仪器，防止水准管破裂及轴系关系的改变，以免影响测量精度。

（9）望远镜的物镜、目镜上有灰尘时，不得用手、粗布、硬纸抹擦。要用脱脂棉或镜头纸轻轻擦净，或用软毛刷轻轻地刷去。如在观测中仪器被雨水淋湿，应将仪器外部用软布擦去水珠，晾干后再将仪器放入箱内，以免光学零件发霉和脱膜。

（10）电池驱动的全站仪和 GPS 仪器，若长时间不用，应取出电池，间隔一段时间进行充、放电维护，以延长电池使用寿命。

（11）具有数据储存功能的仪器，测毕后，应及时将数据传送到计算机设备上备份，以免数据意外丢失。

### ？思考与练习

**问答题**

1. 光学经纬仪如何进行对中、整平？

2. 使用测量仪器时应注意哪些事项？

## 课题三　经纬仪的检验和校正

**学习目标**

学习经纬仪的检验和校正方法。

**知识点**

经纬仪的检验和校正。

**技能点**

1. 经纬仪的检验。

2. 对部分常见问题进行处理。

**学习内容**

### 一、光学经纬仪的检验和校正

经纬仪的几何轴线有以下 4 种，如图 2-9 所示。

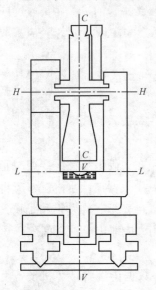

图 2-9　经纬仪的几何轴线

（1）竖轴（$VV$）：它是仪器在水平方向旋转的中心线。

（2）横轴（$HH$）：它是通过望远镜旋转中心和竖盘中心的轴线。

（3）视准轴（$CC$）：它是望远镜物镜光心、十字丝交点及目镜光心的连线。

（4）水准管轴（$LL$）：它是水准管工作面圆弧中心的切线。

一台正常的经纬仪应该满足以下几何条件：

（1）水准管轴垂直于竖轴，即 $LL \perp VV$。

（2）十字丝竖丝垂直于横轴。

（3）视准轴垂直于横轴，即 $CC \perp HH$。

（4）横轴垂直于竖轴，即 $HH \perp VV$。

（5）光学对中器的视准轴与仪器的竖轴重合。

满足上述条件后，经纬仪才能正常使用，但是，由于经纬仪长期使用、搬运过程中的振动及温度等外界条件的影响，往往会使仪器的轴线几何关系发生变动。所以，在使用仪器前或使用一段时间后都要进行必要的检验和校正。在检验校正前，首先对仪器进行全面检查，发现问题应及时修理。对仪器检验项目和校正方法分述如下。

（一）水准管轴的检验和校正

（1）检校目的。使水准管轴垂直于仪器竖轴。

（2）检验方法。首先对仪器进行整平，整平后，旋转照准部使其在任何方位时，照准部上的水准管气泡都处于居中位置，则说明水准管轴垂直于竖轴；否则需要校正。

（3）校正方法。检验后，若水准器中气泡偏离超过 1 格，应予校正。校正时，先调整平行于水准管的 2 个脚螺旋，使气泡退回到偏离量的一半位置，此时，仪器的竖轴处于铅垂位置，再用校正针拨动水准管一端的校正螺钉，使气泡居中，如图 2-10 所示。此项检验和校正工作需反复多次，才能使照准部在任何方位时，管水准器的气泡均居中。

管水准器的检校工作完毕后，进行圆水准器的检校工作。圆水准器的轴应与仪器的竖轴平行，当用管水准器将仪器完全置平后，若圆水准器的气泡不在居中位置，可用调节圆水准器罩壳下的 3 个校正螺钉的方法，使气泡居中。

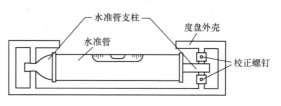

图 2-10 水准管轴的校正

（二）十字丝的检验和校正

（1）检校目的。仪器整平后，十字丝横丝水平，竖丝竖直。

（2）检验方法。首先将仪器整平，整平后，在距仪器十几米远处，用细丝悬挂一个垂球，最好将垂球浸没在水中，使之稳定。用望远镜的竖丝瞄准悬挂垂球的细丝。若竖丝与垂球线重合，表明竖丝竖直；否则需进行校正。

（3）校正方法。旋下目镜端十字丝护盖，略微旋松两相邻的十字丝校正螺钉，如图 2-11 所示。微微转动十字丝环，使竖丝与悬垂球细丝完全重合为止。

（三）视准轴的检验和校正

（1）检校目的。使视准轴垂直于横轴。

（2）检验方法。选择一平坦场地，长度约为 80～100m，将仪器安置于中间位置 $O$ 点上（如图 2-12 所示），仪器整平后，使望远镜大致水平，用盘左（又称正镜，竖盘在望远镜的左边）位置瞄准 $A$ 点，倒转望远镜在反方向得 $B$ 点。拧松制动螺旋并旋转照准部，使望远镜重新瞄准 $A$ 点（又称倒镜，竖盘在望远镜的右边，即盘右位置），再倒转望远镜又得到 $C$ 点。若 $B$、$C$ 两点重合，表明仪器的视准轴垂直于横轴；否则，需要进行校正。

（3）校正方法。连接 $BC$（且 $OB=OC$），取 $BC$ 线段的 $\frac{1}{4}$ 得内分点 $D$，即 $CD=\frac{1}{4}BC$，并在 $D$ 桩上打钉做标记。此时，望远镜不动，只需旋转十字丝左、右两枚校正螺钉，使十字丝的竖丝对准 $D$ 点，则视准轴就垂直于横轴了。

（四）横轴的检验和校正

（1）检校目的。使横轴垂直于竖轴。

（2）检验方法。如图 2-13 所示，在距墙 20～30m 处，整平仪器，当望远镜的仰角大于 30°后用盘左位置瞄准墙上高处一点 $P$，然后将望远镜旋至水平，于视线方向在墙上又得 $A$ 点；水平度盘转 180°，用倒镜即盘右位置瞄准 $P$ 点，仍将望远镜旋至水平，依同法又标定墙上一点 $B$，如果 $A$、$B$ 两点重合，表明横轴垂直于

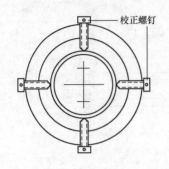

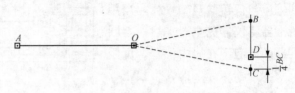

图 2-11 十字丝校正　　　　　图 2-12　视准轴垂直于横轴的检验

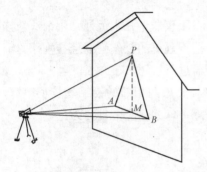

图 2-13　横轴垂直于竖轴的检验

竖轴，否则说明两轴线不垂直，应进行校正。

（3）校正方法。先取 $AB$ 的中点 $M$，用十字丝交点照准 $M$ 点后固定照准部，抬高望远镜至 $P$ 点附近，此时 $P$ 点偏离十字丝交点，拨动横轴一端支架上的轴承，使横轴一端升高或降低，直到十字丝交点照准 $P$ 点为止。现在大部分光学经纬仪的横轴是密封的，仪器制造时该条件都能满足，实际使用时，只需检验而不作校正，若需校正应由专业维修人员进行。

（五）竖盘指标差的检验和校正

（1）检校目的。消除指标差。

（2）检验方法。安置仪器后，整平竖盘水准管，使气泡居中。分别以盘左和盘右两个位置观测任意选定的一个固定目标，读得竖盘读数为 $L$ 和 $R$，仪器的竖盘指标差 $x$，若 $x>1'$，则应进行校正。$x$ 的计算式为

$$x=\frac{1}{2}(L+R-360°) \qquad (2-1)$$

式中　$x$——竖盘指标差；

　　　$L$——盘左位置的竖盘角度数；

　　　$R$——盘右位置的竖盘角度数。

（3）校正方法。校正前，先计算指标差 $x$ 和盘右的正确读数为 $(R-x)$；校正时，使竖盘仍保持盘右位置不动，望远镜对准原目标，调节竖盘指标水准管微调螺旋，使竖盘对准 $(R-x)$ 读数，此时，竖盘水准管气泡已偏移居中位置，然后用校正拨针转动竖盘水准管校正螺钉，使竖盘水准管的气泡居中。此项校正应重复多次，达到满足条件为止。

（六）光学对中器的检验和校正

（1）检校目的。使光学对中器视准轴与仪器竖轴重合。

（2）检验方法。将仪器安置于平地并整平，用对中器的刻划圈中心在地面上定出 $O_1$ 点。然后使对中器的目镜旋转 $180°$ 的位置，同样在地面定出 $O_2$ 点。若 $O_1$ 和 $O_2$ 两点重合，说明条件满足，否则应校正。

（3）校正方法。先定出 $O_1$、$O_2$ 两点连线的中点。然后松开照准部支架间圆形护盖上的两枚螺钉，拿开护盖，即可看到如图 2-14 所示的转像棱镜座。图中 1、2 是棱镜座的校正螺钉。调节螺钉 1 可使刻划圈中心作前后移动；调节螺钉 2 可使刻划圈中心左右移动。根据这个原则调节螺钉 1 或 2，使 $O_1$、$O_2$ 的中心进入刻划圈中心为止。光学对中器的校正方法随仪器类型不同而不同，有的如上述校正转向棱镜，有的校正分划板，有的两者都需要校正，校正时应视具体仪器进行。

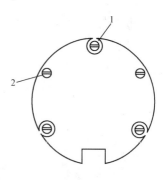

图 2-14 光学对中器校正
1、2—校正螺钉

**思考与练习**

**问答题**

1. 经纬仪的检验项目和校正项目有哪些？
2. 如何对水准管轴进行检验和校正？
3. 如何对十字丝进行检验和校正？
4. 如何对光学对中器进行检验和校正？

# 课题四 电子经纬仪简介

电子经纬仪与光学经纬仪的主要区别在于度盘读数系统，电子经纬仪利用光电转换原理和微处理器对编码的度盘自动进行读数，显示在读数屏上，并可进行观测数据的自动记录和传输。

**学习目标**

1. 掌握电子经纬仪的构造以及与光学经纬仪的主要区别。
2. 能够正确读出电子经纬仪度盘读数。

**知识点**

电子经纬仪的主要部件。

**技能点**

1. 熟悉电子经纬仪的结构及各部件的作用。

2. 电子经纬仪的读数方法。

**学习内容**

**一、电子经纬仪的主要部件**

相比光学经纬仪，电子经纬仪的外观结构没有太大的变化，只不过读数镜变成了电子读数屏，增加了几个操作按键，并整合制动螺旋和微动螺旋为一体。这里以某厂家生产的 DJD2 型电子经纬仪为例（如图 2-15 所示），来简单介绍一下电子经纬仪的结构和使用方法，其他厂家的电子经纬仪结构和使用方法基本相同。

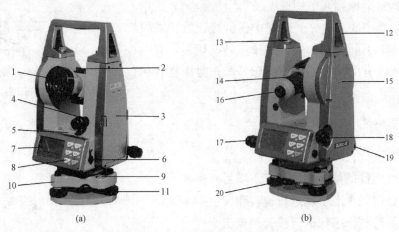

图 2-15 DJD2 型电子经纬仪

(a) 视图一；(b) 视图二

1—物镜；2—粗瞄准器；3—充电电池；4—（大）竖直制动螺旋、（小）竖直微动螺旋；5—长水准器；

6—RS-232C 通信接口；7—显示器；8—操作键；9—圆水准器；10—基座；11—脚螺旋；12—提把；

13—提把螺钉；14—物镜调焦手轮；15—仪器中心标志；16—目镜；17—（大）水平制动螺旋、

（小）水平微动螺旋；18—光学对中器；19—通信接口；20—基座固定钮

1. 操作面板和显示屏

经纬仪的照准部有双面的操作面板和显示屏，便于盘左、盘右观测时进行仪器操作和度盘读数。显示屏位于面板左侧，同时显示水平度盘读数和竖直度盘读数；面板右侧有 6 个操作按钮，包括电源开关。

2. 度盘读数显示

显示屏同时显示水平度盘读数和竖直度盘读数，如图 2-16 所示，"垂直"行对应垂直度盘读数，"水平"行对应水平度盘读数，最小读数可以选择为 1″或 5″，其左下角有电池的电量显示。

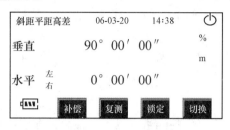

图 2-16　度盘读数显示

3.操作面板和操作键

电子经纬仪的操作面板如图 2-17 所示，各操作键对应的功能见表 2-1。

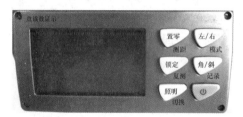

图 2-17　DJD2 型电子经纬仪操作面板

表 2-1　　　　　　　　　　各操作键对应的功能表

| 按　键 | 功能 1 | 功能 2 |
| --- | --- | --- |
| 置零 | 水平角置零 | 距离测量 |
| 锁定 | 水平角锁定 | 水平角复测 |
| 照明 | 显示器照明和视距板照明 | 切换到按键的第二功能 |
| 左/右 | 水平角左旋增量或右旋增量 | 设置模式 |
| 角/斜 | 垂直角/坡度百分比 | 测量数据输出 |
| 电源 | 电源开关 | |

注　1.置零：精确瞄准目标后，双击"置零"键置零水平角。

　　2.左/右：转换照准部向左旋转/向右旋转水平角读数增加。

　　3.角/斜：转换竖直角读数与相应正切值读数，可方便高度和交叉跨越的测量。

　　4.模式：通过模式功能键设置经纬仪的一些参数，如最小读数是 1″还是 5″，望远镜水平时是显示 0°还是 90°等。

4.观测数据的存储与传输

将观测数据存储于仪器中，并通过数据接口将储存数据传输至电脑。

**二、电子经纬仪的读数方法**

1.水平角的测量

水平角用测回法进行测量。安置好经纬仪后，先按下"电源"键接通电源，此时屏幕会随机显示水平角读数，调整目镜和物镜调焦螺旋，"盘左"精确瞄准目标 $C$ 后，双击"置零"键把此时的视线方向定位为 $0°$，精确瞄准目标 $A$ 后，读出此时水平角读数 $\alpha_1$，得到上半测回水平角读数 $\beta_L = \alpha_1 - 0 = \alpha_1$；"盘右"瞄准目标 $A$，读出此时的读数 $\alpha_2$，随后瞄准目标 $C$，读出此时的读数 $C_2$，则得下半测回水平角读数 $\beta_R = \alpha_2 - C_2$。如前所述，所测水平角 $\beta = (\beta_L + \beta_R)/2$。

2. 竖直角的测量

用电子经纬仪进行竖直角的测量有以下 2 种读数方法：

（1）同光学经纬仪方法一样，盘左、盘右瞄准目标并读数后，按竖直角的计算公式进行测量。

（2）设置望远镜水平时读数为 $0°$，可直接读得盘左、盘右瞄准目标竖直角 $\alpha_L$、$\alpha_R$，则竖直角 $\alpha = (\alpha_L + \alpha_R)/2$。

本单元主要介绍经纬仪的结构和读数方法，角度测量方法将在下一单元介绍。

？ 思考与练习

简答题

1. 简述电子经纬仪与光学经纬仪的主要区别。

2. 简述用电子经纬仪进行水平角测量的方法。

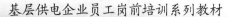

# 角 度 测 量

## 课题一　水平角测量方法

**学习目标**

1. 掌握水平角概念。

2. 会进行水平角测量。

**知识点**

1. 水平角的概念。

2. 水平角的观测方法。

3. 水平角观测注意事项。

**技能点**

水平角测量方法。

**学习内容**

### 一、水平角的概念

水平角是空间两相交直线投影到水平面上所形成的夹角，水平角角值为 $0°\sim$ $360°$，如图 3-1 所示。设 $A$、$B$、$C$ 是地面任意 3 个不同高程的点，自 $A$ 到 $B$、$C$ 两个目标的方向线 $AB$ 和 $AC$，将这三点沿铅垂线方向，投影到同一平面 $P$ 上，得 $a$、$b$、$c$ 三点。在 $P$ 平面上，$ab$ 和 $ac$ 的夹角 $\beta$ 称为水平角，它等于通过 $AB$ 和 $AC$ 的竖直面之间所夹的二面角。二面角的棱线 $Aa$ 是一条铅垂线，垂直于 $Aa$ 的任一水平面与两个竖直面的交线均可用来量度水平角 $\beta$。

设想在 2 个竖直面的交线上任意一点 $O$ 处水平放置 1 个带有顺时针刻划的度盘，使度盘中心位于 $AO$ 铅垂线上，通过 $OB$ 和 $OC$ 的 2 个竖直面在度盘截得读数为 $m$ 和 $n$，则两读数之差为水平角值，即

$$\beta = n - m \tag{3-1}$$

由于经纬仪的望远镜能绕竖轴旋转，其竖丝可以瞄准任何水平方向，因此只要将经纬仪安置在 $Aa$ 铅垂线的任意位置，就能够测出 2 个竖直面的方向，由目镜中

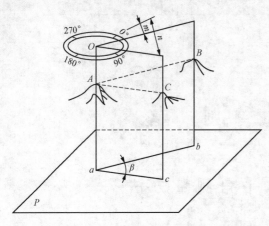

图 3-1　地面点间的水平角

读出水平角（即二面角）值。

**二、水平角的观测方法**

1. 常用的水平角观测方法

常用的水平角观测方法有测回法和全圆测回法。下面介绍最常用的测回法测角方法。

当观测目标不多于 3 个时，如图 3-2 所示，要测出 $AB$、$BC$ 两方向间的水平角 $\beta$，按下列步骤进行观测。

（1）盘左位置瞄准左目标 $C$，得读数 $C_1$，或者通过转盘手轮等装置，使读数窗读数为 $0°00'00''$ 或接近 $0°00'00''$，该步骤称为水平度盘置零。

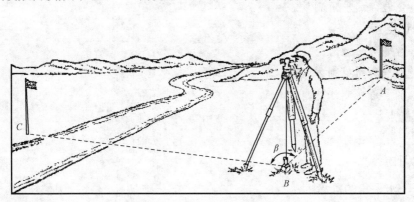

图 3-2　水平角观测

（2）松开照准部制动螺旋，瞄准右目标 $A$，得读数 $\alpha_1$，则盘左位置所得半测回角值为

$$\beta_L = \alpha_1 - C_1 \tag{3-2}$$

（3）倒转望远镜成盘右位置，瞄右目标 $A$，得读数 $\alpha_2$。

（4）瞄准左目标 $C$，得读数 $C_2$，则盘右半测回角值为

$$\beta_R = \alpha_2 - C_2 \tag{3-3}$$

盘左、盘右是常用术语，需要明确其概念。

利用盘左、盘右 2 个位置观测水平角，可以抵消仪器误差对测角的影响，同时可作为观测中有无错误的检核。

如果 $\beta_L$ 与 $\beta_R$ 之差满足光学经纬仪指标差要求，则取盘左、盘右角值的平均值

作为最后结果。

表 3-1 为测回法实测记录表。

表 3-1                              测 回 法 实 测 记 录

| 观测站点 | 目标 | 竖直度盘位置 | 水平度盘读数 | 半测回角值 | 一测回平均值 | 示意图 |
|---|---|---|---|---|---|---|
| B | C | 左 | 0°20′46″ | 125°14′14″ | 125°14′19″ | 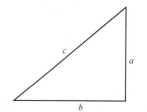 |
| | A | | 125°35′00″ | | | |
| | C | 右 | 180°21′18″ | 125°14′24″ | | |
| | A | | 305°35′42″ | | | |

光学经纬仪水平度盘刻度按顺时针方向注记,因此计算水平角值时,总是以右边方向的读数(设观测者站在欲测角顶点的外面,面对这个角度)减去左边方向的读数。

2. 简易方法测设直角

在线路施工过程中经常需要测设直角。如果测设的精度要求不高,也可以不用经纬仪,而用钢尺或皮尺按简易方法进行测设。

(1)勾股定理法测设直角。如图 3-3 所示,勾股定理是指直角三角形斜边(弦)的平方等于对边(股)与底边(勾)的平方和。据此原理,只要使现场一个三角形的三条边长满足勾股定理,该三角形即为直角三角形,从而得到想要测设的直角。

图 3-3 勾股定理法测设直角

在实际工作中,最常用的做法是利用勾股定理的特例"勾 3 股 4 弦 5"测设直角。如图 3-4 所示,设 AB 是现场上已有的一条边,要在 A 点测设与 AB 成 90°的另一条边,先用钢尺在 AB 线上量取 3m 定出 P 点,再以 A 点为圆心,4m 为半径在地面上画圆弧,然后以 P 点为圆心,5m 为半径在地面上画圆弧,两圆弧相交于 C 点,则∠BAC 即为直角。

也可用一把皮尺,将刻划为 0m 和 9m 处分别对准 A 点和 P 点,在刻划为 4m 处拉紧皮尺,确定 C 点,则∠BAC 便是直角。

如果要求直角的两边较长,可将各边长保持"3∶4∶5"的比例,同时放大若干倍,再进行测设。

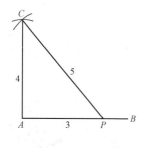

图 3-4 "勾 3 股 4 弦 5"测设直角

(2)中垂线法测设直角。如图 3-5 所示,AB 是现场上已有的一条边,要过 P 点测设与 AB 成 90°的另一条边，可用钢尺在直线 $AB$ 上定出与 $P$ 点距离相等的两个临时点 $A'$ 和 $B'$，再分别以 $A'$ 和 $B'$ 为圆心，以大于 $PA'$ 的长度为半径，画圆弧相交于 $C$ 点，则 $PC$ 为 $A'B'$ 的中垂线，即 $PC$ 与 $AB$ 夹角为 90°。

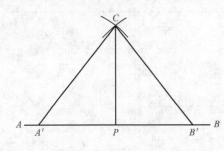

图 3-5　中垂线法测设直角

### 三、水平角观测注意事项

（1）三脚架要踩实，仪器高度要和观测者的身高相适应；仪器与脚架的连接要牢固，操作仪器时不要用手扶三脚架，使用各种螺旋时力度要适当。

（2）要精确对中，特别观测短边时，尤其要严格要求。因观测短边时的对中精度对角值影响大。

（3）当观测目标间高差较大时，更要注意仪器整平。

（4）照准标志要竖直，尽可能用十字丝交点瞄准目标或标杆的底部。

（5）记录要清楚，不得擦涂，当场计算检核；发现错误，需立即重测。

（6）水平角观测中，不得再调整照准部水准管。若气泡偏移 1 格以上，须重新整平观测。

### 思考与练习

**一、选择题**

下列每道题都有 4 个答案，其中只有 1 个正确答案，将正确答案填在括号内。

1. 正镜观测目标，当视线水平时竖直度盘的读数为（　　　）°。

（A）0；　　　　（B）90；　　　　（C）180；　　　　（D）270。

2. 倒镜观测目标，当视线水平时竖直度盘的读数为（　　　）°。

（A）0；　　　　（B）90；　　　　（C）180；　　　　（D）270。

**二、问答题**

1. 什么是水平角？如何观测水平角？

2. 水平角观测应注意哪些事项？

# 课题二　竖直角测量方法

**学习目标**

1. 掌握竖直角的概念。

2. 会进行竖直角的测量。

**知识点**

1. 竖直角测量原理。

2. 三角高程测量。

3. 竖直角的观测方法。

**技能点**

竖直角的观测方法。

**学习内容**

### 一、竖直角测量原理

竖直角是同一竖直面内视线与水平线间的夹角，如图 3 - 6 所示，$OO'$ 为水平线，视线 $OM$ 向上倾斜，竖直角为仰角，用正角表示；视线 $ON$ 向下倾斜，竖直角为俯角，用负角表示。

根据竖直度盘的结构特点，经纬仪上的竖直度盘是固定在望远镜横轴一端上的，竖直度盘的平面与横轴相垂直。当望远镜瞄准目标而在竖直面内转动时，它便带动竖直度盘在竖直面内一起转动。竖直度盘指标是同竖直度盘水准管连接在一起的，不随望远镜而转动。

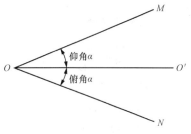

图 3 - 6 竖直角示意图

测竖直角时，在 $O$ 点处设一竖直度盘，竖直度盘水准管气泡居中，视线水平时，"盘左"读数为 $90°$，"盘右"读数为 $270°$。当观测目标 $M$ 时，"盘左"读数为 $L$，"盘右"读数为 $R$，则

$$\alpha_L = 90° - L \tag{3-4}$$

$$\alpha_R = R - 270° \tag{3-5}$$

一测回的竖直角为

$$\alpha = \frac{1}{2}(\alpha_L + \alpha_R) \tag{3-6}$$

### 二、三角高程测量

三角函数是本课题的数学基础。

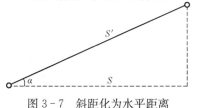

图 3 - 7 斜距化为水平距离

如图 3 - 7 所示，测得两点间的斜距 $S'$ 及竖直角 $\alpha$，将斜距化为水平距离 $S$，则

$$S = S'\cos\alpha \tag{3-7}$$

如图 3 - 8 所示，已知 $A$、$B$ 两点的水平距离为 $S$，若要测定 $A$、$B$ 两点间的高差 $h_{AB}$，如

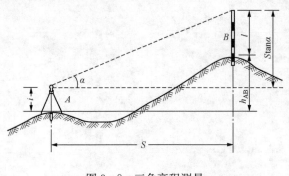

图 3-8 三角高程测量

用水准测量的方法有设站多、速度慢的缺点，如果精度要求不太高时，则可在 A 点上安置经纬仪，在 B 点上竖立标杆；观测至标杆顶的竖直角 α，用钢尺量出仪器高 i 和目标高 l，可按下列公式计算 A 点至 B 点的高差 $h_{AB}$ 和 B 点的高程 $H_B$，如图 3-8 所示。

$$h_{AB} = S\tan\alpha + i - l \tag{3-8}$$
$$H_B = H_A + h_{AB} = H_A + S\tan\alpha + i - l \tag{3-9}$$

上述测量高程的方法称为三角高程测量。

### 三、竖直角观测方法

1. 安置仪器

如同水平角观测方法安置经纬仪的操作步骤一样，将经纬仪安置于测站点 O 上，进行对中和整平。

2. 照准目标并读数

"盘左"位置，以十字丝横丝精确瞄准目标 M，调整竖直度盘水准管微动螺旋使水准管气泡居中，读取竖直度盘读数为 81°19′42″；同理，"盘右"位置瞄准目标 M，使竖直度盘水准管气泡居中，读取读数为 278°40′30″。

3. 记录和计算

竖直角测量记录见表 3-2。将"盘左"、"盘右"的竖直度盘读数分别填入记录表格中，并按照 $\alpha_L$、$\alpha_R$ 的计算公式分别计算出半测回竖直角值。当上、下半测回值之差满足经纬仪指标差要求时，取其平均值作为观测的竖直角值，即 1 个测回值。

表 3-2                          竖 直 角 测 量 记 录

| 测站 | 目标 | 盘位 | 竖直度盘读数 | 半测回值 | 测回值 |
|------|------|------|--------------|----------|--------|
| O | M | 左 | 81°19′42″ | 8°40′18″ | 8°40′24″ |
|   |   | 右 | 278°40′30″ | 8°40′30″ |  |

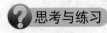 思考与练习

问答题

1. 什么叫竖直角？简述竖直度盘构造。

2. 简述竖直角的观测方法。

# 课题三　角度测量产生误差原因及角度测量注意事项

**学习目标**

掌握角度测量产生误差原因。

**知识点**

1. 水平角测量误差。

2. 竖直角测量误差。

3. 角度测量注意事项。

**技能点**

误差分析。

**学习内容**

**一、水平角测量误差**

角度测量时容易产生测量误差，尤其是在水平角观测中出现的误差几率更大。产生这些误差的主要原因有仪器误差、仪器安置误差、目标偏心误差、观测误差和外界条件的影响等，简要分析如下。

（一）仪器误差

引起仪器误差的原因主要有以下 2 点：

（1）仪器制造加工不完善所引起的误差，如度盘刻划的误差及度盘偏心差等，可以用适当的观测方法来消除或减弱其影响。前者可用度盘的不同位置进行观测$\left(按\dfrac{180°}{n}计算各测回度盘起始读数\right)$加以消弱；后者可用盘左盘右读数的平均值来消除。

（2）仪器校正不完善所引起的误差（如视准轴不垂直于横轴、横轴不垂直于竖轴等），被限制在一定范围之内，并可通过正、倒镜观测取平均值的方法予以消除。

（二）仪器安置误差

仪器安置误差包括对中误差和整平误差。

1. 对中误差的影响

如图 3-9 所示，$O$ 为观测角的顶点，$A$、$B$ 分别为被测目标。而 $O_1$ 点为仪器架设的实际中心，则测站偏心距 $e = OO_1$。设 $\angle AOB = \beta$，$\angle AO_1B = \beta'$。过 $O_1$ 点分别作 $OA$ 和 $OB$ 的平行线 $O_1A'$ 和 $O_1B'$，则 $\angle A'O_1B' = \angle AOB = \beta$。而

$$\angle AO_1B = \beta' = \beta + \delta_1 + \delta_2 = \angle AOB + \delta_1 + \delta_2 \qquad (3-10)$$

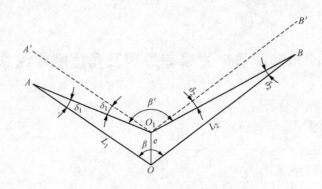

图 3-9　对中误差

$\delta_1 + \delta_2$ 是仪器对中误差所引起的水平角测量误差。因偏心距 $e$ 是一个较小值，故 $\delta_1$ 和 $\delta_2$ 角度较小，于是把 $e$ 近似地看作一段小弧，所以得

$$\delta_1 + \delta_2 = e\rho''\left(\frac{1}{L_1} + \frac{1}{L_2}\right) \tag{3-11}$$

式中　$L_1$、$L_2$——水平角两边的边长；

　　　$e$——测站偏心距；

　　　$\rho''$——值为 $206265''$。

由式（3-11）可知，对中误差与测量距离成反比（$L$ 越长，$\delta$ 角值越小），与偏心距 $e$ 成正比。当观测距离为 100m，对中误差为 3mm 时，角度产生的最大误差为 $12.4''$。因此，在安置仪器时应尽量减小对中误差，线路测量技术规定仪器对中偏心距应不大于 3mm。

2. 整平误差的影响

观测角度时，若仪器未严格整平，竖轴处于倾斜位置，这种误差与横轴不垂直竖轴的性质相同。由于这种误差不能采用适当的观测方法加以消除，当观测目标的竖直角很小时，整平误差不明显，但当竖直角越大其误差影响也越大。因此，在山区进行竖直角测量时，应特别注意对仪器的整平。线路测量中规定水平度盘水准管气泡偏移值不大于 1 格，若发现气泡偏移 1 格以上，须重新整平仪器，进行重测。

（三）目标偏心误差

当目标点上所立的标杆（花杆）倾斜，瞄准的又是标杆的顶部，将产生目标偏心误差。如图 3-10 所示，$A$、$B$ 为转角顶点 $O$ 两侧的目标点。当标杆在目标 $B$ 处倾斜时，则标杆在地面上的投影为 $BB_1$，即 $BB_1$ 为目标偏移距离 $e$。连接 $OB_1$，设 $OB_1 = L$，$\angle AOB = \beta$，$\angle AOB_1 = \beta'$，目标偏心误差为 $\delta$，则有

$$\delta = \beta - \beta' = \frac{e}{L}\rho'' \tag{3-12}$$

由式（3－12）可知，这种误差与仪器对中误差的性质相同，即与偏心距成正比，与观测距离成反比，故当观测距离较短时应特别注意减少目标的偏心。因此，在观测水平角时，持标杆人员应准确、竖直地将标杆立在目标点上，同时，观测人员应使十字丝交点尽量对准目标（如图 2－7 所示），以减少目标偏心误差的影响。

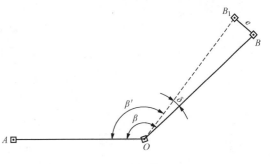

图 3－10　目标偏心误差

（四）观测误差

产生观测误差主要因素是瞄准误差和读数误差。

（1）瞄准误差。它与人眼的分辨率和望远镜放大倍数有关。人眼正常时分辨两点的最小视角为 $60''$；即当两点对人眼构成的视角小于 $60''$ 时，看上去只是一点。借助于放大 $v$ 倍的望远镜，可使人眼分辨率提高 $v$ 倍，故瞄准误差为 $60''/v$。例如，望远镜放大倍数为 30 倍，其瞄准误差为 $60''/30$，即 $\pm 2''$。观测时应注意消除误差，否则瞄准误差会增大。

（2）读数误差。读数误差主要取决于仪器的读数设备的精度，光学经纬仪用测微尺读数时，一般可估读到分微尺最小分划值的 1/10，如最小分划值为 $1'$ 时，其估读最大误差为 $6''$，但当读数系统的进光镜的入射光方向及读数显微镜的目镜未调好时，会影响读数窗口的亮度及准确读数，其估读误差可能会超过 $6''$。

（五）外界条件的影响

影响测量精度的外界因素是多方面的，如土质松软或风力会影响仪器的稳定，大气温度的变化导致仪器轴系关系的改变，晴天由于受到地面辐射热引起物像跳动等，此外观测目标的形状、颜色、亮度及背景的衬度、观测时空气的透明度和瞄准目标的方法等，也会给水平角的观测带来误差影响。因此，在观测时应采用正确的瞄准方法，选择适当的视距长度。当空气透明度低时，应缩短视距长度或停止观测。

**二、竖直角测量误差**

1. 仪器误差

仪器误差主要有度盘刻划误差、度盘偏心差及竖盘指标差。不同的误差应采用适当的观测方法消除或减弱其影响：度盘刻划误差不能采用改变度盘位置（即每一测回开始的始读数不变）观测来加以消除；度盘偏心差可以采用对观测取平均值加以消减（即由 $A$ 向 $B$ 观测，再由 $B$ 向 $A$ 观测）；竖盘指标差可采用盘左盘右观测

37

取平均值加以消除。

2. 观测误差

观测误差主要有瞄准误差、读数误差和竖盘指标水准管整平误差。前两项误差在水平角测量误差中已做了论述，至于指标水准管整平误差，除观测时认真整平外，还应该注意打伞保护仪器，切忌仪器局部受热。

3. 外界条件的影响

外界条件的影响与水平角测量时基本相同，但由于大气折光（垂直折光）的影响，一般来说要比水平角测量时（水平折光）大，所以测量时应尽量避免长边，视线应尽可能离地面高一点（应大于 1m），尽可能选择有利时间进行观测，并采用对向观测方法加以消除。

**三、角度测量注意事项**

角度测量应根据测量规范规定的操作步骤、方法和要求进行，这是减少误差的有效措施。除此之外，还应注意如下 8 点：

（1）选择目标成像清晰稳定的时机进行观测，避开大风、雾天、烈日等不利天气。

（2）仪器安置高度适宜，踩紧脚架，拧紧连接螺旋；在城市道路上作业时仪器应安置在路边，要特别注意仪器脚架的稳定。

（3）使用仪器时用力要有力度感，轻而均匀，制动螺旋不宜过分拧紧。

（4）对中要符合要求，短边观测时要特别注意仪器对中。

（5）当观测目标高差较大时（如测量交叉跨越等），要特别注意仪器整平，以减弱竖轴不垂直水准管轴误差的影响。一测回过程中不能两次整平仪器。

（6）观测时要尽量瞄准目标底部。

（7）测量时应规范顺序进行观测、记录并现场计算，发现错误或超限应立即重测。

（8）观测结束后，应将脚螺旋和微动螺旋旋至中间位置。

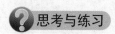 思考与练习

问答题

角度测量应注意哪些事项？

单元四

# 距离和高差测量

## 课题一　距　离　测　量

距离测量有多种方法，通常按要求的精度选用。在精度要求不高时，可采用皮尺、测绳或视距测量。

皮尺、测绳受湿度、拉力大小等的影响，其伸缩性较大，主要用于施工前的初步概量。视距测量是利用测量仪器上望远镜中的视距装置配合标尺或视距尺测定水平距离和高差，它受多种因素影响，精度较低，可用于地形测图等施工测量中。

全站仪适用于高精度测量或放样，当测量较长距离或起伏地形时，较经纬仪精度高、效率高；全球定位系统在更长距离和地形复杂地区测量中更显其先进性和优越性。全站仪和全球定位系统将在其他单元介绍。

**学习目标**

1. 掌握距离测量的有关基本概念。

2. 会进行距离测量。

**知识点**

1. 距离测量的常用工具。

2. 钢尺测量距离的一般方法。

**技能点**

钢尺测量距离。

**学习内容**

**一、距离测量的常用工具**

（一）钢卷尺、皮尺和绳尺

钢卷尺由带状薄钢片制成，如图 4-1 所示，钢卷尺基本刻划为毫米，并在分米、米处刻有长度数字，也有基本刻划为厘米的钢卷尺，其长度有 20、30、50 等。

皮尺由麻布织入金属丝制成，又称布卷尺，如图 4-2 所示，其伸缩性较大，使用时不宜浸于水中和用力过大。由于皮尺精度较钢卷尺低，所以只适用精度要求较低的丈量工作，如边坡距离、土方测算、基础分坑等，常用的有 20、30、50m 3 种。

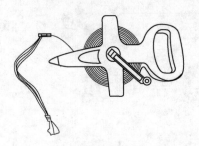

图 4-1　钢卷尺

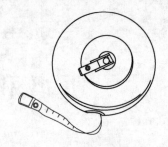

图 4-2　皮尺

绳尺由含有金属丝的麻线编织而成，每隔 1m 外包 1 个小铜圈，铜圈上刻有长度数字，一般用于精度要求较低而距离较远的丈量。

尺子按其零刻划的位置不同分为端点尺和刻划尺两种，尺子的端点为零（零点在拉环外边缘）的称为端点尺，如图 4-3（a）所示；尺子的端部某一位置为零刻划的称为刻划尺，如图 4-3（b）所示。使用时要注意零刻划线的位置，以免出错。

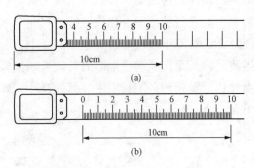

图 4-3　端点尺和刻划尺示意

（a）端点尺；（b）刻划尺

带电作业时不得使用绳尺、皮尺等非绝缘工具。

（二）水准标尺与尺垫

1. 水准标尺

水准标尺是进行水准测量时用以读数的重要工具。

水准测量观测用的标尺按其构造的不同可分为直尺、塔尺和折尺三种，如图 4-4 所示。

尺长稳定、分划准确清楚是对标尺的基本要求。为防磨损，常在尺子的底面钉以铁片。

直尺一般长 3m，折尺长 3～4m，塔尺长 3～5m。折尺一般是由全尺对折而成的，塔尺是分成三节套接而成的，这两种接合型的尺可以缩短，携带方便，使用过程中应经常检查接头处是否正确。

普通水准标尺按不同的尺面绘法又有单面尺和双面尺之分。单面尺在尺面上绘有黑白或红白相间的区格式（1cm 或 0.5cm）的分划，如图 4-4 所示。尺底从零开始，在每一分米处皆注有数字，超过 1m 时，在分米的数字上面加有小圆点，圆点数表示米数。

水准标尺的质量直接关系到水准测量的精度，要重视对标尺的选择与爱护。

2. 标尺的读数方法

（1）读尺之前，要弄清、掌握所用标尺的分划和注字规律。

1）要弄清标尺面中 1 格是按 1cm 还是按 0.5cm 来分划尺面的，以便准确估读。

2）要弄清每厘米处标注尺寸的数字是正写还是倒写，防止呈倒像后读错数字，如不要将 6 和 9 认错。

（2）用十字丝板上的三横丝读取水准尺的读数。从尺上可直接读出米、分米和厘米数，并估读出毫米数，所以每个读数必须有四位数。如果某一位数是零，也必须读出并记录，不可省略，如 1.002、0.007、2.100m 等。读数前应先认清水准尺的分划

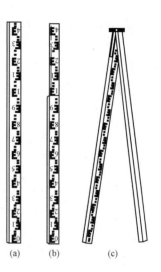

图 4-4　水准尺
(a) 直尺；(b) 塔尺；(c) 折尺

特点，特别应注意与注字相对应的分米分划线的起始位置。如图 4-5 所示，中丝对应的正确读数为 0.604m。为了保证得出正确的水平视线读数，在读数前和读数后都应该检查水准管气泡是否符合要求。在测量时，应分别读取三横丝读数。

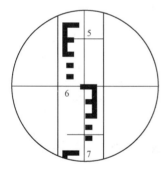

图 4-5　水准标尺的读数方法

（3）注意检查读数：当标尺离仪器较近，不能同时在望远镜的视场中看到标尺上、下所标注尺寸的数字；初学者进行作业时，可由扶尺员平持一细长标志沿标尺面上下移动，当标志位于中间横丝时令其停住，将从镜中读得的数与由在标尺上直接看到的数字进行比较核对。初学者需经多次练习，读数正确无误后再进行实际作业。

3. 扶尺要点

（1）要将水准尺扶直、扶稳。水准尺处于垂直状态时的读数才是准确的。有的标尺背面或旁边装有圆水准器的，用垂线从两个正交的位置检查过圆水准器后，可通过观察气泡居中来掌握尺子的垂直度。

对无气泡的标尺，观测员可从望远镜中观察尺子与竖丝是否平行来判断尺子是否左右倾斜，并通知扶尺员纠正。如尺子前后倾斜，观测员一般不易发现，这时应要求扶尺员站在尺后，身体端正，双手扶尺。保持正确的扶尺姿势，有助于

将尺子扶直。初扶时，可由另一人在与水准仪视线呈正交的方向用垂线进行检查。

（2）在作业过程中，要经常注意尺底的清洁，以免造成零点有误。使用塔尺时，要注意检查接口处有没有下滑移位，以免造成读数的错误。

4. 尺垫及其作用

尺垫是水准测量中，供支承水准标尺和传递高程所用的三角形或圆形的铸铁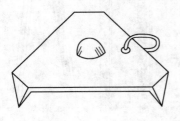座，中央有突起圆顶作为置尺的转点，下有 3 个支点可踩入地下。为便于携带，一般装有铁环提手，如图 4-6 所示。水准尺放在尺垫中部凸起的球顶面上，作用是防止水准尺下沉，以及避免尺子转动时改变转点的高程而产生误差。

防止立尺点下沉是水准测量中应注意的问题，在进行较高精度水准测量过程中，转点均需使用尺

图 4-6  尺垫

垫。若地面土质不坚实、不稳固，或找不到突起的地面点立尺的情况下，也需使用尺垫，以保证精度。

（三）量距用的其他工具

钢尺量距时为进行直线定向要使用标杆，为临时标记尺段在地面上的位置要采用测钎，为在斜坡上量水平距离，把钢尺抬高，常用垂球吊线对点。下面分别介绍：

（1）标杆用圆木料、硬质塑料管或铝合金材料制成，直径为 3cm 左右，长度有 2、3m 或可伸缩多种。标杆用来标定直线或作为观测目标用。为醒目起见，表面漆成红白相间的分段，每段长度一般为 20cm。杆底装有金属尖脚，便于插入地面或对准点位，如图 4-7 (a) 所示。标杆也称花杆。

（2）测钎一般用直径为 4～6mm 的钢筋制成，长为 30cm，上端弯成圆形，用铁环穿在一起，如图 4-7 (b) 所示。下端磨尖，以便插入土中，作为标定每一尺段的点位和计算整尺段个数。可在测钎圆圈上系根红布条，便于寻找。

（3）垂球是测量工作中投影对点或检验物体是否铅垂的简单工具。用铜、钢或铁等材料制成。为上端系有细绳的倒圆锥形的金属锤。不同的用途、使用场合应选用不同的重量，重量一般为 0.05～0.5kg。在斜坡上量水平距离时，常用垂球或垂球架对点，也可在三脚架上安垂球代替垂球架，如图 4-7 (c) 所示。

**二、钢尺量距的一般方法及注意事项**

1. 钢尺量距的一般方法

钢尺量距的一般方法是指只要求精确到厘米的一般丈量方法。通常由三人分别作为前尺手、后尺手和记录者来共同完成工作。若在地势起伏较大或车辆、行人较

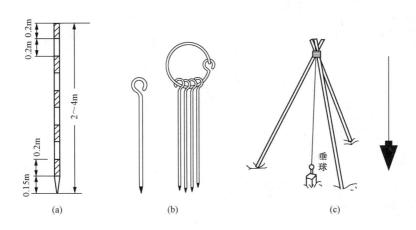

图 4 - 7　测量距离用的附件

（a）标杆；（b）测钎；（c）垂球

多的地区丈量时，应视现场情况增加辅助人员。

平坦地面两点之间的丈量步骤：

（1）站在起点 A 后面的称后尺手，拿着钢尺的零点一端，前尺手拿着钢尺的末端，沿着 AB 方向，向 B 点前进，钢尺须拉紧无卷曲，带一根标杆和一串测钎，约到一个尺段（钢尺长度）时停下。由后尺手指挥进行定线，当标杆位于直线上时在地上做一记号。

（2）后尺手将尺的零点分划对准 A 的标志中心，把尺按牢时喊"预备"，前尺手把尺放在标杆的记号旁，将尺抖直、拉稳、放平，这时将测钎竖直地对准钢尺的末端分划线插在地上，如图 4 - 8 所示的 1 处，随即回应喊"好"，记下长度读数，这样就完成了一个尺段的测量。

（3）两人抬起钢尺前进，当后尺手到达 1 点测钎处，前尺手前进约一尺段时停下，两人再重复上述操作。量好第二尺段，得到 2 点后，后尺手拔起 1 点处的测钎，两人继续前进，一直量到 3 点剩下最后一段 9.86m，此段已不足一个整尺段的长度，称为余长。此时后尺手将尺子的零分划线对准 3 点，前尺手将钢尺卷进一些并将尺再抖直、拉稳、放平，对准 B 点标志读数，此数即为余长长度，如图 4 - 8 所示。最后得出 AB 长度为

$$S_{AB} = n \times 尺段长 + 余长 \qquad (4 - 1)$$

式中　$n$——前尺手在地面上所插的测钎数或尺段数。

为防止测量工作中的差错和衡量量距的精度，在完成由 A 点量至 B 点之后（称做往测），还需由 B 点再量到 A 点（称做返测），把往、返测的距离差数，除以往返测长度的平均值，并换算成分子为 1 的分式，分母可取至整数。例如：已量得

43

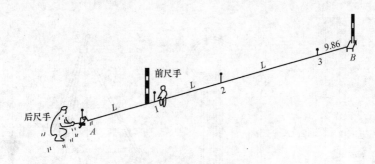

图 4 - 8　平坦地段丈量距离

$S_{AB} = 99.86\text{m}$，$S_{BA} = 99.88\text{m}$ 则其相对误差为

$$\frac{99.88 - 99.86}{99.87} = \frac{0.02}{99.87} = \frac{1}{4993}$$

往测、返测的差数可反映某一次距离丈量的精确度，这与距离长短及往、返测时尺子与地面接触的状态等有关，但不能作为整个量距工作的精度标准，用相对误差来衡量较为合理。量距的相对精度，一般不得低于 1/2000。若量距精度在工程允许限度内，则取其往返丈量的平均值作为丈量结果。

2. 钢尺量距注意事项

（1）量距时定线要直，尺身要平，拉力要均匀准确，配合要协调一致。

（2）量距中常出现的错误有弄错钢尺的端点和注字，读错、听错、记错、算错等，因此测量中要认真负责，增强责任心，以防错误发生。

（3）钢尺质脆、易折、易生锈，测量中要防止扭折或被车碾压，丈量后要用棉纱擦拭，并涂上黄油后卷好。

**思考与练习**

**问答题**

1. 距离测量有几种方法？分别在哪些情况下使用？

2. 什么是端点尺和刻划尺？使用时应注意哪些事项？

# 课题二　视距和高差测量

**学习目标**

会进行水平视距测量。

**知识点**

1. 水平视距测量。

2. 水准测量。

3. 倾斜视距测量。

4. 高度测量。

**技能点**

视距测量方法。

**学习内容**

视距测量是利用望远镜中的视距丝，根据光学原理间接地测定地面上两点间的距离和高差的一种方法。

**一、水平视距测量**

在待测两点上分别安置仪器和视距尺，当视线水平时读取仪器上丝、中丝以及下丝的数值，然后通过三角形关系计算得出视距和高差，如图4-9所示。

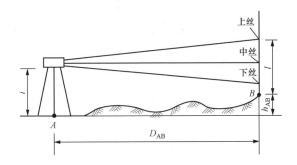

图4-9 水平视距测量图

视距为 $$D_{AB}=kl \tag{4-2}$$

式中　$k$——视距乘常数，此处取100；

　　　$l$——视距间隔（上丝读数减去下丝读数的差值），m。

高差为 $$h_{AB}=i-s \tag{4-3}$$

式中　$i$——仪器高度，m；

　　　$s$——中丝读数，m。

**二、水准测量**

（一）水准仪

水准仪是测量两点间高差的仪器。

通过制造一个标准水平装置，配合一个望远镜观测时可提供一条水平视线，可以十分方便地测量两点的的高差。它借助于管状水准器，利用微动机构，使望远镜同水准管同时仰俯微倾，能迅速把视线精确地调整到水平位置。

水准仪的构造比经纬仪简单，主要由望远镜、水准器、基座三大部分组成，其各部分的名称如图4-10所示。

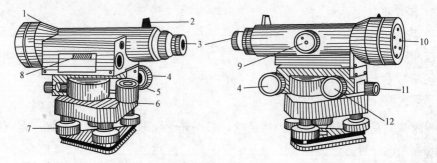

图4-10　水准仪的构造

1—准星；2—缺口；3—目镜；4—微动螺旋；5—圆水准器；6—圆水准器校正螺钉；7—脚螺旋；
8—长水准管；9—对光螺旋；10—物镜；11—水平制动螺旋；12—微动螺旋

为了提高水准气泡的居中精度和观察气泡状态的方便，在水准管的上方安置1组棱镜，将气泡两端的像经棱镜几次折射后，反映到目镜旁的气泡观察窗内，如图4-11（a）所示表示不居中的影像，此时可旋转微动螺旋；图4-11（b）为居中时的影像，这种结构称为符合式水准器。

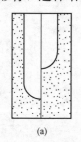 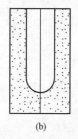

　　　(a)　　　　　(b)

图4-11　符合气泡观察窗内的影像

(a) 不居中；(b) 居中

其他部件作用与性能可参照经纬仪。

（二）水准测量

1. 水准测量的原理

水准测量是利用水准仪提供的一条水平视线测得两点的高差，然后依据其中一个已知点的高程，计算出另一未知点的高程。如图4-12所示，为了求出$A$、$B$两点的高差$h_{AB}$，在$A$、$B$两个点上分别竖立水准尺，在$A$、$B$两点之间安置水准仪。当视线水平时，$A$、$B$两个点在标尺上的读数分别为$a$和$b$，则$A$、$B$两点的高差等于两个标尺读数之差。即

$$h_{AB}=a-b \tag{4-4}$$

如果$A$为已知高程的点，$B$为待求高程的点，则$B$点的高程为

$$H_B=H_A+h_{AB}=H_A+(a-b) \tag{4-5}$$

读数$a$是立在已知高程点上的水准尺的中丝读数，称为"后视读数"；读数$b$是立在待求高程点上的水准尺的中丝读数，称为"前视读数"。两点的高差必须用后视读数减去前视读数进行计算。高差$h_{AB}$的值可能是正也可能是负，正值表示待

求点 $B$ 高于已知点 $A$，负值表示待求点 $B$ 低于已知点 $A$。此外，高差的正负号又

与测量工作的前进方向有关，例如图 4 - 12 中测量由 $A$ 向 $B$ 行进，高差用 $h_{AB}$ 表示，其值为正，反之由 $B$ 向 $A$ 行进，则高差用 $h_{BA}$ 表示，其值为负。所以高差值必须标明高差的正、负号，同时要规定出测量的前进方向。

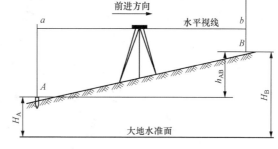

图 4 - 12  水准测量原理

2. 水准测量的基本操作程序

（1）水准仪的安置。

（2）粗略整平。粗略整平是指转动脚螺旋，使圆水准器居中的工作，只有经粗略整平后的仪器，才能进行精确整平。圆水准器整平方法可参照图 2 - 6。

（3）照准标尺。用望远镜的十字丝的交点对准观测目标称为照准。照准标尺的步骤如下：

1）目镜调焦；

2）照准目标；

3）物镜调焦；

4）消除视差。

（4）精确整平。调节微动螺旋，使长水准气泡精确居中。从气泡观察窗中，观察气泡两端成像情况。调节微动螺旋时，速度要慢而均匀，直到符合水准管两端两个半气泡的像，精确符合成一个圆弧如图 4 - 11（b）所示，表示视线精确整平。

（5）读数。在精确整平和水准标尺竖直的前提下，方可读数，也就是说，在读数前后都要检查符合气泡是否符合。

（6）记录和计算。

### 三、倾斜视距测量

1. 倾斜视距测量原理

同水平测量相似，不过望远镜视线是倾斜的。观测时读取仪器上丝、中丝以及下丝的数值，还有竖直角 $\alpha$ 的值。然后通过三角形关系计算得出视距和高差，如图 4 - 13 所示。

视距为 $$D_{AB} = kl\cos^2\alpha \qquad (4-6)$$

高差为 $$h_{AB} = \frac{1}{2}kl\sin^2\alpha + i - s = D_{AB}\tan\alpha + i - s \qquad (4-7)$$

式中 $\alpha$——竖直角度。

2. 倾斜视距操作程序

高差及视距的测量步骤，如图4-13所示。

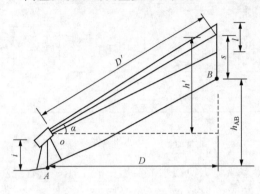

图4-13 倾斜视距测量原理

（1）在A点安置好经纬仪（包括对中、整平）。

（2）用视距尺（或钢尺）量取仪器的高度$i$，量至厘米即可。然后将视距尺立于欲测B点。

（3）正镜观测。

1）目镜对光。

2）物镜对光。用望远镜粗略瞄准目标B点视距尺，拧紧照准部和望远镜的制动螺旋，旋转目镜的微动螺旋，使物体成像清晰，调节照准部和望远镜的微动螺旋，使十字丝双丝夹住视距尺轴线，或与单竖丝重合（为计算方便，也可使中丝瞄准视距尺读数$s$处）。

3）消除视差。

4）读上、下及中丝数。望远镜瞄准视距尺，分别读取上、下丝的数值（将上丝读数减去下丝读数，即得视距间隔$l$），再读取中丝读数$s$。

5）读竖盘读数。在中丝读数不变的情况下，转动竖盘指标水准管微动螺旋，使气泡居中，读竖盘读数$L$，计算竖直角$\alpha_L$。

（4）倒镜观测。倒转望远镜，逆时针转动照准部瞄准视距尺。

1）目镜对光。正镜调好后，此时一般不用再调。

2）物镜对光且调整上、下、中丝读数。使上、下、中丝读数与正镜观测时一致，确保正倒镜瞄准的是视距尺上的同一点。

3）消除视差。

4）检查上、下、中丝数。确保读数没发生变化。

5）读竖盘读数。在中丝读数不变的情况下，转动竖盘指标水准管微动螺旋，使气泡居中，读竖盘读数$R$，计算竖直角$\alpha_R$。

（5）计算。

【例4-1】 如图4-13所示，倾斜视距测量数据：上丝读数为1.721m，下丝读数为1.307m，中丝读数为1.580m，"盘左"、"盘右"竖直度盘读数分别为$63°16'54''$、$296°43'12''$，$i$为1.45m。试计算视距$D_{AB}$。

**解：** $\alpha_L = 90° - L = 90° - 63°16'54'' = 26°43'06''$

$$\alpha_R = R - 271° = 296°43'12'' - 270° = 26°43'12''$$

$$\alpha = (\alpha_L + \alpha_R)/2 = 26°43'09''$$

视距：$D_{AB} = kl\cos^2\alpha$

$$= 100 \times (1.721 - 1.307)\cos^2 26°43'09''$$

$$= 36.98 \ (m)$$

视距及高差记录见表 4-1。

表 4-1　　　　视 距 及 高 差 记 录　　　　m

| 测站仪高 | 测点 | 上丝读数<br>下丝读数 | 视距间隔 | 竖直度盘读数 | | | 半测回值 | | | 水平距离 | 中丝读数 | 高差 | 标高 | 备注 |
|---|---|---|---|---|---|---|---|---|---|---|---|---|---|---|
| | | | | ° | ′ | ″ | ° | ′ | ″ | | | | | |
| $\dfrac{A}{1.45}$ | B | 1.721 | 0.414 | 90 | 00 | 00 | 26 | 43 | 09 | 33.03 | 1.580 | 18.48 | | |
| | | 1.307 | | 63 | 16 | 54 | | | | | | | | |
| | | 1.721 | 0.414 | 270 | 00 | 00 | | | | | | | | |
| | | 1.307 | | 296 | 43 | 12 | | | | | | | | |

## 四、高度测量

经纬仪测量建筑物的高度时必须通过三角形来间接测量。

1. 测量原理

如图 4-14 所示，要测 EF 的高度，需构建 △EAB 和 △BAF，测出 AB 间水平距离 D 和竖直角 α、β 的值，即可得 EF 的高度 H，即

$$H_{EF} = D_{AB}(|\tan\alpha| + |\tan\beta|) \tag{4-8}$$

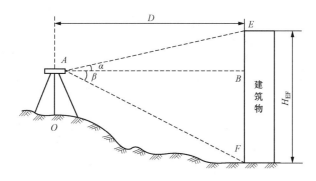

图 4-14　高度测量原理图

2. 测量步骤

测量步骤如图 4-14 所示。

（1）安置经纬仪于 $O$ 点。$O$ 点的位置要选好，既要能看最高点 $E$，又要能看到最低点 $F$。且最高点、最低点要在望远镜的同一竖直面内。

（2）测最高点的竖直角 $\alpha$。

（3）测最低点的竖直角 $\beta$，要保证最高点和最低点是在望远镜扫过的同一竖直面内，所以照准部要一直制动。

（4）测量水平距离 $D$，$B$ 点同样要在一个竖直面内。

（5）计算。设此处 $\alpha=10°13'25''$，$\beta=-31°48'30''$，$D_{AB}=18.033\mathrm{m}$，则
$$H_{AB}=18.033\times(\tan10°13'25''+\tan31°48'30'')=14.437\text{（m）}$$

**？ 思考与练习**

问答题

1. 简述水准测量的原理和测量步骤。

2. 简述倾斜视距测量的原理和测量步骤。

# 课题三　三角解析法测距

**学习目标**

掌握三角解析法测距原理。

**知识点**

三角解析法测距原理。

**技能点**

三角解析法测距在工程中的应用。

**学习内容**

当线路跨越河流、山谷或其他障碍物，或两点间的距离较远，或用直接丈量方法和视距测量有困难时，在线路测量中常采用三角分析法测距。

如图 4-15 所示，$A$、$B$ 两点间的距离为待测距离，$AC$ 是根据现场地形布设测定基线。施测程序和要求如下：

（1）在 $A$ 或 $B$ 点选择一条基线，基线选择很重要，因为要根据

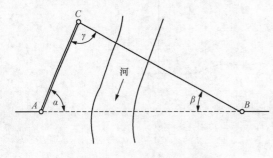

图 4-15　三角形分析法测距

它来计算所要测的距离，所以基线应布设在地势比较平坦、便于丈量距离的地方，尽可能与所求边垂直。基线的长度不宜小于所求边的 1/10。基线的长度用钢尺拉成水平往返丈量，取其平均值作为测量成果，其相对误差不大于 1/2000。

（2）将仪器分别安置于三角形的两个角的顶点 $A$、$C$ 上，采用测回法观测一个测回，施测其水平角 $\alpha$、$\gamma$ 的角值。半测回之差不大于 $\pm 30''$。

（3）由正弦定理知

$$\frac{AB}{\sin\gamma}=\frac{AC}{\sin\beta}=\frac{BC}{\sin\alpha} \tag{4-9}$$

已知基线长 $AC$、$\angle\beta$ 和 $\angle\gamma$，则 $AB$ 距离为

$$AB=AC\frac{\sin\gamma}{\sin\beta} \tag{4-10}$$

上述即为三角分析法测距的原理。线路测量技术规定：小角应不小于 $1°$，基线与所求边夹角 $\alpha$ 应在 $70°\sim110°$ 之间；对两个小角需进行实测。

【例 4-2】　如图 4-15 中，已知基线 $AC=60\mathrm{m}$，$\angle\beta=28°17'$，$\angle\gamma=84°32'$。试求 $AB$ 的水平距离为多少?

解：将题中已知数据代入式（4-9），得

$$AB=AC\frac{\sin\gamma}{\sin\beta}=60\times\frac{\sin84°32'}{\sin28°17'}=60\times\frac{0.9955}{0.4738}=126.066\mathrm{(m)}$$

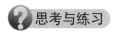 思考与练习

问答题

什么情况下使用三角解析法测距? 简述其基本方法。

## 单元五

# 全 站 仪

　　全站仪，即全站型电子速测仪，是一种集光、机、电为一体的高技术测量仪器，是集水平角、垂直角、距离（斜距、平距）、高差测量功能于一体的测绘仪器系统。因其可完成该测站上全部测量工作，所以称为全站仪。全站仪有自动化数据采集程序和强大的内存管理功能，自动计算坐标并保存测量数据，通过传输电缆可以与计算机进行数据通信，是目前各项工程测量中性能稳定、功能齐全、实用性强且应用范围较广的测量仪器之一。本单元主要学习全站仪的基本构造及操作面板各按键的功能，主要介绍线路施工常用的参数设置、数字与字符输入方法、全站仪的基本测量及部分程序测量。

**学习目标**

掌握全站仪的有关基础知识。

会进行全站仪的基本操作。

**知识点**

1. 全站仪的构造。

2. 全站仪基本操作。

3. 全站仪基本测量。

4. 悬高测量。

5. 全站仪检验与校正。

**技能点**

全站仪的基本操作和测量。

**学习内容**

## 一、全站仪的构造

全站仪由电源部分、测角系统、测距系统、数据处理部分、通信接口、显示屏、键盘等组成。同电子经纬仪、光学经纬仪相比，全站仪增加了许多特殊部件，主要区别在于度盘读数及显示系统。

（一）全站仪的构造及系统组成

全站仪通过测量斜距、天顶角（竖直角）、水平角，并通过内置程序自动计算平距、高差和点的坐标，与计算机进行数据传输，具备光电测距、测角、记录与计算、存储、通信等功能。

1. 全站仪的构造

各型号全站仪的构造与操作差异不大。图 5-1 所示是 NTS 型全站仪。

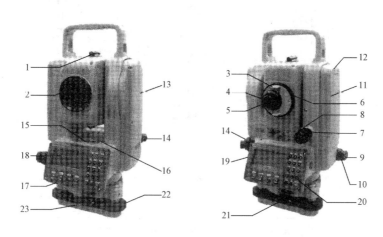

图 5-1　NTS 型全站仪

1—粗瞄准器；2—物镜；3—望远镜把手；4—目镜；5—目镜调焦螺旋；6—望远镜调焦螺旋；7—垂直制动
螺旋；8—垂直微动螺旋；9—水平制动螺旋；10—水平微动螺旋；11—电池；12—电池锁紧杆；
13—仪器中心标志；14—光学对中器；15—管水准器；16—管水准器校正螺钉；17—圆水
准器；18—显示屏；19—数据通信接口；20—键盘；21—基座锁定钮；22—整平
脚螺旋；23—底板全站仪操作键及显示窗

2. 全站仪的系统组成

全站仪主要由控制系统、测角系统、测距系统、记录系统和通信系统组成。控制系统是全站仪的核心，主要由微处理机、键盘、显示器、存储设备、控制模块和通信接口等软、硬件组成。测角系统由光栅度盘或绝对编码度盘代替了传统的光学测微器，大大提高了测角精度和效率。测距系统利用电磁波测距原理快速准确测量距离，免棱镜激光全站仪更是方便了线路测量和放样等。记录系统是一种有特定软件的能存储资料的硬件设备。通信系统可以在全站仪和计算机之间进行数据传输。最新生产的 win 全站仪采用直观、人性化的 Windows 界面，实现了在全站仪上电脑化操作，并且可以根据自己的需要编写测量程序。

（二）全站仪操作键及显示窗

1. 操作键

NTS型全站仪操作面板如图5-2所示，其键盘由23个按键组成，包括电源开关1个、退出键1个、星键1个、软键4个、角度测量键1个、距离测量键1个、坐标测量键1个、菜单键1个、数字键盘区12个（含数字、字母、小数点、"－"号、"＃"号、"＄"号的输入功能），各按键功能见表5-1。

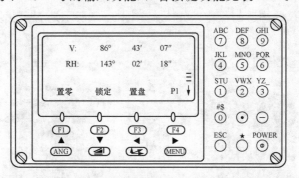

图5-2　操作面板

表5-1　　　　　　　　　　　　　　　　　　NTS键盘功能表

| 按键 | 名称 | 功　　能 |
|---|---|---|
| ANG | 角度测量键 | 进入角度测量模式（▲上移键） |
| ◢ | 距离测量键 | 进入距离测量模式（▼下移键） |
| ↗ | 坐标测量键 | 进入坐标测量模式（◀左移键） |
| MENU | 菜单键 | 进入菜单模式（▶右移键） |
| F1～F4 | 软键（功能键） | 对应于显示的软键信息 |
| POWER | 电源开关键 | 电源开关 |
| ESC | 退出键 | 返回上一级状态或返回测量模式 |
| ★ | 星键 | 进入星键模式 |
| 0～9、⊖、⊙ | 数字键 | 输入数字和字母、小数点、负号、符号 |

2. 显示窗

显示窗采用液晶显示，可显示4行，通常前三行显示测量数据，第四行显示相应软键的功能，若在第四行第四列出现 P1、P2、P3，说明当前测量状态或模式下，屏幕有多页，可按 F4 键翻页。各显示符号内容对照见表 5－2。

表 5－2　　　　　　　　　　　　　显　示　符　号　表

| 显示符号 | 内　　　容 | 显示符号 | 内　　　容 |
|---|---|---|---|
| V% | 竖直角（坡度显示） | N | 北向坐标 |
| HR | 水平角（右角） | E | 东向坐标 |
| HL | 水平角（左角） | Z | 高程 |
| HD | 水平距离 | * | EDM（电子测距）正在进行 |
| VD | 高差 | m/ft/fi | 以米/英尺/英尺与英寸为单位 |
| SD | 斜距 | S/A | 进行温度、气压、棱镜常数等设置 |

3. 功能键

角度测量模式（三个界面菜单）

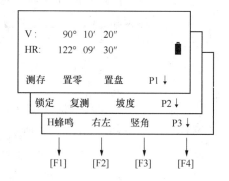

距离测量模式（两个界面菜单）

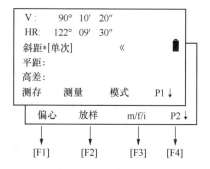

坐标测量模式（三个界面菜单）

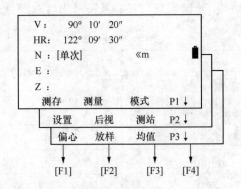

（三）全站仪测量工具

全站仪测量工具主要有三角基座、棱镜组和对中杆组。

1. 三角基座

如图 5-3 所示，全站仪在经纬仪的基座基础上，增加了三角基座锁定钮、锁定钮固定螺钉和定向凹槽等结构，通过仪器固定脚和定向凸起标志，使基座与仪器或棱镜组可分可合，从而大大减少了测量中的对中操作次数，提高了工作效率。

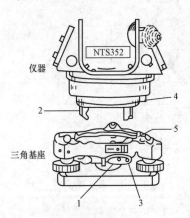

图 5-3 三角基座

1—三角基座锁定钮；2—仪器固定脚；
3—锁定钮固定螺钉；4—定向
凸出标记；5—定向凹槽

2. 棱镜组

全站仪的棱镜组一般有单棱镜组和三棱镜组两种，如图 5-4 所示，棱镜组由棱镜、光学对中器、圆水准器、管水准器、基座和砧标组成，是全站仪测量中的目标标志工具。

3. 对中杆组

如图 5-5 所示，全站仪的对中杆组由对中杆、圆水准器和支架组成。对中杆有高度刻度，上可套接棱镜和砧标，可上下升降；支架由两脚架和中间锁杆构成，两脚架间夹角可任意调整；调整支架上的两脚架可使对中杆组上的圆水准器气泡居中，确保对中杆垂直。若精度许可，也可不用支架直接在对中杆上套接棱镜和砧标，以提高效率。

**二、全站仪基本操作**

全站仪基本操作有安置仪器、开机、瞄准、参数设置与输入、各测量模式按键操作和测量数据存录等。

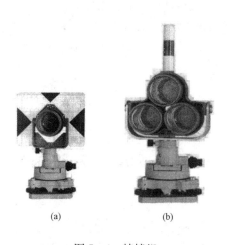

图 5-4　棱镜组

（a）单棱镜组；（b）三棱镜组

图 5-5　对中杆组

（一）安置仪器与开机、瞄准

1. 安置仪器

全站仪使用时，应对仪器各螺旋、望远镜、电池及脚架、对中杆等进行常规检查，开机后检查电池（含备用电池）电量是否充足、按键是否起作用，并将情况进行详细登记。全站仪的安置包括对中、整平，操作与经纬仪相同，这里不再赘述。进行距离测量时，目标棱镜还要对中、整平，并且要调整棱镜的仰、俯角，使之与仪器望远镜粗略位于同一视线。

2. 开机、瞄准

按 POWER 键开机，纵转望远镜使竖直角过零，即进入默认开机模式（为省电一般将开机模式设置为角度测量模式），若显示"X 补偿超限"说明仪器倾斜误差超过 $3'$，应精确整平。利用垂直制动与微动螺旋、水平制动与微动螺旋，望远镜目镜调焦螺旋、物镜调焦螺旋等即可精确瞄准目标。

（二）参数设置与输入

全站仪测量前，应检查各参数的设置，根据需要可进行重新输入。

1. 基本设置

（1）按 F4 ＋ POWER 键开机设置。NTS 全站仪基本设置有单位设置、模式设置及其他设置 3 类。单位设置中有角度（度/哥恩/密位）、距离（米/英尺/英寸）、温度（℃/℉）、气压（kPa/mmHg/inHg）；模式设置中有开机模式测角/测距、精测/跟踪、平距和高差/斜距、垂直零/水平零、N 次/重复测量、测量次数、关测距时间、使用或不使用格网因子、坐标显示顺序（N/E/Z 或 E/N/Z）；其他设置有水平角蜂鸣声（开/关）、测距蜂鸣（开/关）、两差改正（0.14/0.20/关）。按住 F4＋POWER 键开机，可进行上述基本设置，设置完成后按 F4（确认）可永久保存，即关机后至下次重新设置前不变。

（2）按 F1＋POWER 键开机设置。通过检验可求得仪器常数，按 F1＋POWER 键开机后再按 F2 键可对仪器常数进行设置。仪器常数在出厂时经严格测定并设置好（$K＝0$），一般不要作此项设置。

（3）开机后直接设置。开机后不纵转望远镜，可通过 F1 或 F2 进行对比度调节。

（4）星键模式下设置。开机后纵转望远镜或在测量过程中，按 ★ 键，进入星键模式，如图 5-6 所示。通过按表 5-3 中所列出的操作可调节对比度、照明、倾斜、棱镜常数（PSM）、大气改正值（PPM）、温度（$T$）和气压（$P$）设置，并且可以查看回光信号的强弱，如图 5-7 所示。

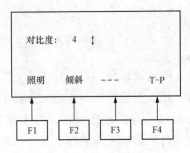

图 5-6  星键模式

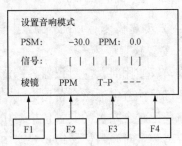

图 5-7  星键模式下参数设置

表 5-3　　　　　　　　　　角度测量模式各按键和显示符号功能表

| 按键 | 显示符号 | 功 能 |
| --- | --- | --- |
| ▲或▼ |  | 调节对比度 |
| F1 | 照明 | 按 F1 或 F2 选择开关背景灯 |
| F2 | 倾斜 | 按 F1 或 F2 选择开关倾斜改正 |
| F4 | S/A | 对棱镜常数、大气改正值、温度、气压进行设置 |

各厂家的棱镜常数不一定相同，使用时应先确认所使用的棱镜，然后在仪器上进行设置。$T$、$P$ 分别为测站周围温度和大气压，大气改正值一般不进行设置，而是根据温度和气压按式（5-1）由全站仪自动计算并完成设置。

$$\Delta S=273.8-0.2900\times\frac{P}{1+0.0036T} \qquad (5-1)$$

式中　$\Delta S$——大气改正系数，ppm；

　　　$P$——大气压，kPa；

　　　$T$——测距时大气温度，℃。

如 NTS 系列全站仪标准气象条件（即大气改正值为 0 时的气象条件）气压为 1013kPa，温度为 20℃。星键模式下参数设置完成后，按 ESC 键可退出设置进入正常测量模式。

（5）菜单下设置。按 MENU 进入"菜单"，通过按 F4（翻页），可设置最小读数、自动关机、自动补偿、照明，可调节对比度。

2. 数字、字符输入

数字键盘区共 12 个按键，可输入数字 0～9、字母 A～V、小数点、"－"号、"♯"号、"$"号，需要在数字与字母间切换时，可按 F3 键，当菜单中显示"数字"时即可输入数字，当菜单中显示"字母"时即可输入字母。

（1）数字输入。如欲将水平角设置为 78°35′29″，可按图 5-8 所示的步骤操作，即按 ANG 键进入角度测量模式，如图 5-8（a）所示，按 F3（置盘），显示如图 5-8（b）所示；按 F1（输入），输入"78.3529"按 F4（回车）显示如图 5-8（c）所示，设置完成。

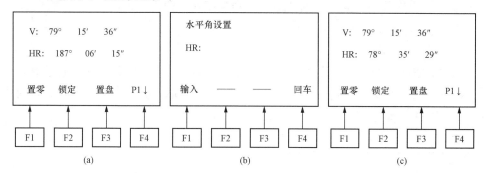

图 5-8　水平角设置屏显示图

（a）显示图一；（b）显示图二；（c）显示图三

（2）字符输入。如在进行数据采集时，建立文件名为"YL－01"的文件，可按图 5-9 所示的步骤操作，即按 MENU 键进入菜单模式，显示如图 5-9（a）所示；按"F1（数据采集）"，显示如图 5-9（b）所示；按 F1（输入），输入文件名"YL-01"，按 F4（回车），显示如图 5-9（c）所示。下一步可进行测站点、后视点设置等操作。在输入文件名时，若需输入"YL"，则循环按"F3"，待出现"字母"时，快速连续按数字"3"两次，光标处变为"Y"；按 ▶，光标后移，快速连续按数字"4"三次，光标处变为"L"。若要输入数字，按"F3"，待出现"数字"时，可按相应数字键；若要修改字符，可以按 ◀ 或 ▶ 将光标移到待修改的字符上，重新输入。若要撤销输入，可按 F1 （回退）。

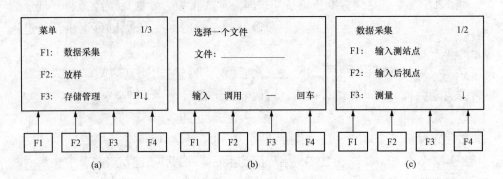

图 5-9　数据采集屏显示图

(a) 显示图一；(b) 显示图二；(c) 显示图三

### 三、全站仪基本测量

全站仪的基本测量模式包括角度测量模式、距离测量模式和坐标模式，不同型号的全站仪模式基本相同。下面介绍角度测量模式、距离测量模式。

#### （一）角度测量模式

**1. 按键与功能**

仪器的出厂设置为开机自动进入角度测量模式，若开机后是其他模式，按 ANG 键进入角度测量模式。角度测量模式有 3 页菜单，如图 5-10 所示，通过按 F4 可切换显示各页面，各按键和显示符号的功能见表 5-4。

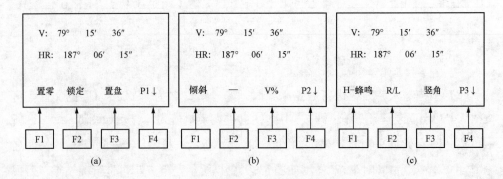

图 5-10　角度测量模式

(a) 显示图一；(b) 显示图二；(c) 显示图三

**表 5-4** 角度测量模式各按键和显示符号功能表

| 页数 | 软键 | 显示符号 | 功能 |
|---|---|---|---|
| 第一页<br>(P1) | F1 | 置零 | 将当前方向的水平度盘读数设置为 $0°00'00''$ |
| | F2 | 锁定 | 将当前方向的水平度盘读数锁定 |
| | F3 | 置盘 | 将当前方向的水平度盘读数设置为输入值 |
| | F4 | P1↓ | 显示第 2 页软键功能 |
| 第二页<br>(P2) | F1 | 倾斜 | 设置倾斜改正开或关,若选择开则显示倾斜改正的角度值 |
| | F2 | — | |
| | F3 | V% | 竖盘读数以角度值显示或坡度百分比显示的转换 |
| | F4 | P2↓ | 显示第 3 页软键功能 |
| 第三页<br>(P3) | F1 | 蜂鸣 | 水平度盘读数为 0°、90°、180°、270°时是否蜂鸣 |
| | F2 | R/L | 水平度盘读数以右/左方向计数的转换 |
| | F3 | 竖角 | 竖直角显示为高度角与天顶距的转换 |
| | F4 | P3↓ | 显示第 1 页软键功能 |

2. 测量方法

望远镜瞄准目标后,屏幕显示出该方向的水平度盘读数和竖盘读数。

如水平角测量如下:

(1) 按角度测量键,使全站仪处于角度测量模式,照准第一个目标 A。

(2) 设置 A 方向的水平度盘读数为 $0°00'00''$。

(3) 照准第二个目标 B,此时显示的水平度盘读数即为两方向间的水平夹角。

(二) 距离测量模式

1. 按键与功能

按◢键进入距离测量模式,距离测量模式有 2 页菜单,如图 5-11 所示,通过按 F4 可切换显示各页面。各按键和显示符号的功能见表 5-5。

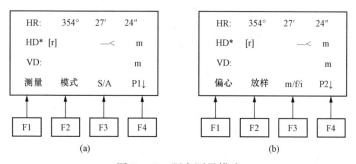

图 5-11 距离测量模式

(a) 显示图一;(b) 显示图二

表 5-5                     距离测量模式各按键和显示符号功能表

| 页数 | 软键 | 显示符号 | 功 能 |
|---|---|---|---|
| 第一页<br>（P1） | F1 | 测量 | 启动距离测量 |
| | F2 | 模式 | 设置测距模式为精测或跟踪 |
| | F3 | S/A | 温度、气压、棱镜常数等设置 |
| | F4 | P1↓ | 显示第2页软键功能 |
| 第二页<br>（P2） | F1 | 偏心 | 偏心测量模式 |
| | F2 | 放样 | 距离放样模式 |
| | F3 | m/f/i | 距离单位的设置米/英尺/英寸 |
| | F4 | P2↓ | 显示第1页软键功能 |

2. 测量方法

（1）设置棱镜常数。测距前须将棱镜常数输入仪器，仪器会自动对所测距离进行改正。

（2）设置大气改正值或气温、气压值。光在大气中的传播速度会随大气的温度和气压变化，15℃和760mmHg是仪器设置的一个标准值，此时的大气改正为0ppm。实测时，可输入温度和气压值，全站仪会自动计算大气改正值（也可直接输入大气改正值），并对测距结果进行改正。

（3）量仪器高、棱镜高并输入全站仪。

（4）距离测量。照准目标棱镜中心，按测距键，距离测量开始，测距完成时显示斜距、平距、高差。

全站仪的测距模式有精测模式、跟踪模式、粗测模式三种。精测模式是最常用的测距模式，测量时间约为 2.5s，最小显示单位为 1mm；跟踪模式，常用于跟踪移动目标或放样时连续测距，最小显示一般为 1cm，每次测距时间约为 0.3s；粗测模式，测量时间约为 0.7s，最小显示单位为 1cm 或 1mm。在距离测量或坐标测量时，可按测距模式（MODE）键选择不同的测距模式。

应注意，有些型号的全站仪在距离测量时不能设定仪器高和棱镜高，显示的高差值是全站仪横轴中心与棱镜中心的高差。

四、应用程序测量

全站仪的应用程序模式（特殊测量模式）是按仪器内置的测量程序逐步完成测量操作，并自动完成数据的存储、转换和计算，从而完成特定的测量任务。特殊测量模式可进行悬高测量、偏心测量、对边测量、坐标放样、面积计算、点到直线的测量、测站 Z 坐标的设置等。各种全站仪的特殊测量模式差别较大。在图 5-12

（b）中，按 F1 显示"程序"菜单，此菜单下有两个页面，如图 5-13 所示，各页面间通过按 F4 切换。下面以 NTS 全站仪为例介绍线路测量中常用的悬高测量方法，其他方法参阅《随机操作手册》。

图 5-12　主菜单三页面

（a）显示图一；（b）显示图二；（c）显示图三

图 5-13　"程序"菜单

悬高测量可以很方便地测量一些无法安置棱镜的目标点如建筑物、高压线等的高度，有需要输入棱镜高和不需要输入棱镜高两种方法。

1. 输入镜高法

（1）悬高测量原理。如图 5-14 所示，$A$ 为仪器中心，$D$ 为棱镜中心，$i$ 为棱镜高，$E$ 为欲测目标，$B$ 为 $E$ 在地面的垂直投影点；直角三角形 $ACD$ 中 $\alpha_2$ 为望远镜瞄准棱镜时的竖角，$AD$ 边为斜距 $SD$，$AC$ 边为水平距 $HD$；直角三角形 $ACE$ 中 $\alpha_1$ 为望远镜瞄准目标 $E$ 时的竖角。由图 5-14 可知，目标 $E$ 至地面 $B$ 的高度 $VD$ 可按式（5-2）计算，即

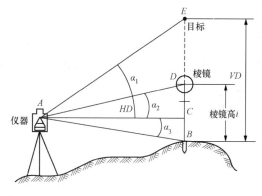

图 5-14　悬高测量原理图

$$VD = CE - CD + i = HD\tan\alpha_1 - HD\tan\alpha_2 + i \qquad (5-2)$$

由式（5-2）可知，只要输入棱镜高 $i$，测得水平距离 $HD$、竖角 $\alpha_2$ 及 $\alpha_1$，便可计算得目标 $E$ 的高度 $VD$。

（2）操作步骤。在图 5-13 中的程序菜单 1/2 界面，按 F1 进入"悬高测量"菜单，如图 5-15（a）所示；按 F1 选"输入镜高法"，显示如图 5-15（b）所示；按 F1（输入），输入棱镜高 1.685（单位：m），按 F4（回车），显示如图 5-15（c）所示；望远镜照准棱镜，按 F1（测量），水平距离被测定，显示如图 5-15（d）所示；按 F4（设置），显示如图 5-15（e）所示；望远镜上仰照准目标 $E$，仪器自动计算并显示目标 $E$ 至地面 $B$ 的高度 $VD$，如图 5-15（f）所示。在图 5-15（f）中显示的状态下，按 F2（镜高），返回执行镜高输入状态；按 ESC 可退出悬高测量模式，返回上一级菜单。

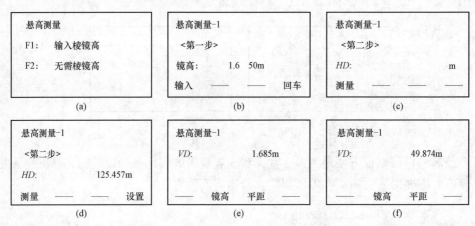

图 5-15　"输入镜高法"屏幕显示图

（a）显示一；（b）显示二；（c）显示三；（d）显示四；（e）显示五；（f）显示六

**2. 无需镜高法**

（1）悬高测量原理。如图 5-14 所示，由于望远镜瞄准棱镜 $D$ 时可测得水平距离 $HD$，瞄准目标点 $E$ 时可测得竖角 $\alpha_1$，瞄准地面点 $B$ 时可测得竖角 $\alpha_3$，由直角三角形 $ACE$ 和直角三角形 $ACB$ 关系得知，目标 $E$ 至地面 $B$ 的高度 $VD$ 可按式（5-3）计算。该方法不需输入棱镜高，但要测 $\alpha_3$。

$$VD = CE + CB = HD\tan\alpha_1 + HD\tan\alpha_3 \qquad (5-3)$$

由式（5-3）知，只要测得水平距离 $HD$、竖角 $\alpha_3$ 及 $\alpha_1$，便可计算得目标 $E$ 的高度 $VD$。

（2）操作步骤。在欲测高度点 $E$ 的垂直投影地面点 $B$ 立棱镜，在图 5-15（a）所示的界面按 F2 选"无需镜高法"，先将望远镜瞄准棱镜 $D$，按 F1（测量），测

得水平距离 $HD$ 后，按 F4 （设置）；再瞄准地面点 $B$，按 F4 （设置）；最后瞄准目标 $E$，仪器自动计算并显示目标 $E$ 至地面 $B$ 的高度 $VD$。

### 五、全站仪检验与校正

全站仪与其他仪器一样，通常在使用之前应进行检验与校正，以确保作业成果精度。检验项目有管水准器、圆水准器、望远镜分划板、视准轴与横轴垂直度（2C）、竖盘指标零点自动补偿、竖盘指标差（$i$ 角）和设置竖盘指标零点等。本节只介绍竖盘指标差（$i$ 角）的检验和设置竖盘指标零点的方法，其他项目参阅全站仪操作手册。

在完成望远镜分划板和竖盘指标零点自动补偿检校后才能进行竖盘指标差（$i$ 角）的检验和竖盘指标零点设置。具体检校方法如下所述。

1. 检验

（1）安置整平好仪器后开机，将望远镜照准任一清晰目标 A，得竖直角盘左读数 $L$。

（2）转动望远镜再照准 $A$，得竖直角盘右读数 $R$。

（3）若竖直角天顶为 $0°$，则

$$i=(L+R-360°)/2 \tag{5-4}$$

若竖直角水平为 $0°$ 则

$$i=(L+R-180°)/2 \tag{5-5}$$

或

$$i=(L+R-540°)/2 \tag{5-6}$$

（4）若 $|i| \geqslant 12''$，则需对竖盘指标零点重新设置。

2. 校正

（1）整平仪器后，按住 F1 键开机，显示如图 5-16（a）所示。

（2）在盘左水平方向附近上下转动望远镜，待上行显示出竖直角后（零点设置过程中所显示的竖直角是没有经过补偿和修正的值，只供设置中参考不能作他用），转动仪器精确照准与仪器同高的远处任一清晰稳定目标 A，显示如图 5-16（b）所示，按 F4 （回车）。

（3）旋转望远镜，盘右精确照准同一目标 A，显示如图 5-16（c）所示，按 F4 （回车），设置完成，仪器返回测角模式。

（4）重复检验步骤重新测定指标差（$i$ 角）。若指标差仍不符合要求，则应检查校正（指标零点设置）的三个步骤的操作是否有误，目标照准是否准确等，按要求再重新进行设置。

（5）经反复操作仍不符合要求时，应送厂检修。

| 校正模式 | 垂直角基准校正 | 垂直角基准校正 |
|---|---|---|
| F1: 垂直角零基准 | <第一步>　　正镜　盘左 | <第二步>　　正镜　盘左 |
| F2: 仪器常数 | V: 88°09′30″ | V: 279°00′00″ |
| | 回车 | 回车 |
| (a) | (b) | (c) |

图 5-16 "竖直角基准校正"屏显图

（a）显示图一；（b）显示图二；（c）显示图三

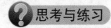 思考与练习

**问答题**

1. 如何使用全站仪测量水平角？
2. 如何使用全站仪测量距离？
3. 如何使用全站仪测量悬高？

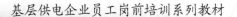

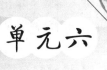

**单元六**

# 全 球 定 位 系 统 简 介

**学习目标**

1. 掌握 GPS 测量原理。

2. 掌握 GPS 测量步骤。

**知识点**

1. GPS 系统的组成。

2. GPS 系统的原理。

3. GPS 系统的作业模式。

4. GPS 的测量步骤。

5. GPS 的特点。

**技能点**

GPS 的测量步骤。

**学习内容**

授时与测距导航系统/全球定位系统，简称"全球定位系统"（缩写 GPS），它是当代高新技术的产物，经过 30 多年的发展，已应用到几乎所有的领域。作为一项非常重要的技术手段和方法，广泛用于实时精密导航、高精度定位，为工程规划、施工建设的地形测绘等提供了一系列技术支持。

理论上线路测量的外作业工作都可以使用 GPS 来完成，但是从经济效益来考虑，有些工作使用常规方法来完成更便利些。GPS 测量不可能完全取代常规测量方法，仅在某些测量应用方面作用较为明显。

## 一、GPS 系统的组成

GPS 系统主要由空间星座、地面监控、用户设备三大部分组成。

（一）空间星座部分

空间星座部分由 21 颗工作卫星和 3 颗在轨备用卫星组成。24 颗卫星均匀分布在 6 个倾角为 55°的轨道上绕地球运行。轨道高度 20200km。卫星运行周期约为 12 恒星时，即当地球对恒星来说自转 1 周时，它们绕地球运行 2 周。这样的空间配置方法，每天每颗卫星出现在地平线以上有 5h，保证了地球上任何时刻、任意地点至少可以同时观测到 4 颗卫星，最多可见到 11 颗，GPS 卫星通过自身的设备不断接收、储存和处理由地面监控站发来的信息，并不断地向用户发送导航电文。

（二）地面监控部分

GPS 工作卫星的地面监控部分包括主控站、注入站和监测站。

（1）主控站。根据本站与监测站的观测资料，推算编制各星历、钟差与大气层的修正参数。对卫星提供时间基准、参数修正、调整偏离轨道的卫星以及启用备用卫星。

（2）注入站。将主控站推算的星历、钟差，导航电文及其他控制指令注入相应的卫星存储系统。

（3）监测站。在主控站直接控制下进行数据采集，并经处理后送到主控站，用以确定卫星的轨道。

（三）用户设备部分

用户设备由 GPS 接收机硬件、数据处理软件及相应的用户终端构成。它的作用是接收 GPS 卫星发出的信号，以获得必要的导航和定位信息观测量，解算出 GPS 卫星所发送的导航电文，实时地完成导航和定位工作。

GPS 接收机的结构分为天线单元和接收单元两大部分。测量型接收机两个单元一般分成两个独立的部件，观测时将天线单元安置在测站上，接收单元置于测站附近的适当地方，用电缆线将两者连接成一个整机。有的也将天线单元和接收单元制作成一个整体，观测时将其安置在测站点上。

GPS 接收机按其用途和使用频率的不同分为多种形式。

1. 按卫星信号频率分类

（1）单频接收机。只能接收 L1 载波信号，测定载波相位观测值进行定位。由于不能有效消除电离层延迟影响，因此精度较低。只适用于短基线（＜20km）的测量。

（2）双频接收机。可以同时接收 L1、L2 载波信号（L1 和 L2 是 GPS 卫星发射两种频率的载波信号，即频率为 1575.42MHz 的 L1 载波和频率为 1227.60MHz 的 L2 载波，波长分别为 19.03cm 和 24.42cm）。利用双频技术，消除或减弱电离层的影响。用于差分定位时其精度为亚米级至厘米级。

2. 按接收机的用途分类

（1）导航型接收机。此类型接收机主要用于运动载体的导航，它可以实时给出载体的位置和速度。这类接收机一般采用 C/A 码伪距测量，单点实时定位，精度较低。

（2）测量型接收机，主要用于精密大地测量和精密工程测量。这类仪器主要采用载波相位观测值进行相对定位，定位精度高。仪器结构复杂。输电线路工程测量就使用这类仪器。

在 L1 和 L2 载波信号上又分别调制着多种信号，这些信号主要有：

1）C/A 码又被称为粗捕获码（粗码），它被调制在 L1 载波上；

2）P 码又被称为精码。它被调制在 L1 和 L2 载波上。

导航信息被调制在 L1 载波上，其信号频率为 50Hz，包含有 GPS 卫星的轨道参数、卫星钟改正数和其他一些系统参数。用户一般需要利用此导航信息来计算某一时刻 GPS 卫星在地球轨道上的位置，导航信息也被称为广播星历。

**二、GPS 定位原理**

GPS 卫星定位的基本原理：无线电导航定位系统、卫星测距定位系统，均是利用测距交会的原理确定点位的。

就无线电而言导航定位来言，设想在地面上有三个无线电信号发射台，其坐标为已知，用户接收机在某一时刻采用无线电测距方法分别测得了接收机至三个发射台的距离 d1、d2、d3 。只需以三个发射台为球心，以 d1、d2、d3 为半径作出三个定位球面，即可交会出用户接收机的空间位置。将无线电信号发射台地面点搬到卫星上，组成一个卫星导航定位系统，应用无线电测距交会的原理，便可由三个以上地面已知点（控制站）交会出卫星的位置，反之利用三个以上的已知空间位置又可交会出地面未知点（用户机）的位置。

GPS 导航系统的基本原理是测量出已知位置的卫星到用户接收机之间的距离，然后综合多颗卫星的数据就可知道接收机的具体位置。

要达到这一目的，卫星的位置可以根据星载时钟所记录的时间在卫星星历中查出。而用户到卫星的距离则通过纪录卫星信号传播到用户所经历的时间，再将其乘以光速得到（由于大气层电离层的干扰，这一距离并不是用户与卫星之间的真实距离，而是伪距 PR）。当 GPS 卫星正常工作时，会不断地用 1 和 0 二进制码元组成的伪随机码（简称伪码）发射导航电文。

GPS 系统使用的伪码一共有两种，分别是民用的 C/A 码和军用的 P（Y）码。C/A 码频率为 1.023MHz，重复周期为 1ms，码间距为 $1\mu s$，相当于 300m；P 码频率为 10.23MHz，重复周期为 266.4 天，码间距为 $0.1\mu s$，相当于 30m。而 Y 码是在 P 码的基础上形成的，保密性能更佳。导航电文包括卫星星历、工作状况、时钟改正、电离层时延修正、大气折射修正等信息。它是从卫星信号中解调制出来，以 50b/s 调制在载频上发射的。导航电文每个主帧中包含 5 个子帧，每帧长 6s。前 3 帧各 10 个字码；每 30s 重复 1 次，每小时更新 1 次。后 2 帧共 15000b。导航电文中的内容主要有遥测码、转换码、第1、2、3数据块，其中最重要的则为星历数据。当用户接收到导航电文时，提取出卫星时间并将其与自己的时钟做对比便可得知卫星与用户的距离，再利用导航电文中的卫星星历数据推算出卫星发射电文时所处位置，用户在WGS-84大地坐标系中的位置速度等信息便可得知。

可见，GPS导航系统卫星部分的作用就是不断地发射导航电文。然而，由于用户接受机使用的时钟与卫星星载时钟不可能总是同步，所以除了用户的三维坐标$x$、$y$、$z$外，还要引进一个$\Delta t$，即卫星与接收机之间的时间差作为未知数，然后用4个方程将这4个未知数解出来。所以如果想知道接收机所处的位置，至少要能接收到4个卫星的信号。

### 三、GPS定位作业模式

静态定位作业是由2台或2台以上GPS接收机设置在待测基线端点上，捕获和跟踪GPS卫星的过程中固定不变，接收机高精度地测量GPS信号的传播时间，利用GPS卫星在轨的已知位置，解算出接收机天线所在位置的三维坐标。

动态定位作业是用GPS接收机测定一个运动物体的运行轨迹。GPS接收机安置于运动载体上（如航行中的船舰、空中的飞机、行走的车辆等）。载体上的GPS接收机天线在跟踪GPS卫星的过程中相对地球而运动，接收机用GPS信号实时测得运动载体的状态参数（瞬间三维位置和三维速度）。

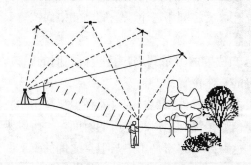

图6-1 差分定位示意图

相位差分定位作业技术又称为RTK技术，如图6-1所示，作业方法是在基准站上安置1台GPS接收机，对所有可见GPS卫星进行连续地观测，并将其观测数据通过无线电传输设备实时地发送给用户观测站，在用户观测站上，GPS接收机在接收GPS卫星信号的同时，通过无线电接收设备，接收基准站传输的观测数据，然后根据相对定位的原理，实时提供观测点的三维坐标，并达到厘米级的高精度。满足了一般工程测量的要求，目前输电线路的GPS定位大多采用这种作业模式。

### 四、GPS定位的误差源

在利用GPS进行定位时，会受到各种因素的影响，影响GPS定位精度的因素有如下五个方面。

1. 与GPS卫星有关的因素

（1）卫星星历误差。在进行GPS定位时，计算某时刻GPS卫星位置所需的卫星轨道参数是通过星历提供的, 所计算出的卫星位置会与真实位置有所差异, 这种差异就是星历误差。

(2) 卫星钟差。GPS 卫星上所安装的原子钟的钟面时与 GPS 标准时间之间的钟差。

(3) 卫星信号发射天线相位中心偏差。GPS 卫星上信号发射天线的标称相位中心与其真实相位中心之间的差异。

2. 与接收机有关的因素

(1) 接收机钟差。GPS 接收机所使用钟的钟面时与 GPS 标准时间之间的钟差。

(2) 接收机天线相位中心偏差。GPS 接收机天线的标称相位中心与其真实相位中心之间的差异。

(3) 接收机软件和硬件造成的误差。在进行 GPS 定位时, 定位结果会受到处理与控制软件和硬件的影响。

3. 与传播途径有关的因素

(1) 电离层延迟。由于地球周围的电离层对电磁波的折射效应, 使得 GPS 信号的传播速度发生变化, 这种变化称为电离层延迟。电磁波所受电离层折射的影响与电磁波的频率以及电磁波传播途径上的电子总量有关。

(2) 对流层延迟。由于地球周围的对流层对电磁波的折射效应, 使得 GPS 信号的传播速度发生变化, 这种变化称为对流层延迟。电磁波所受对流层折射的影响与电磁波传播途径上的温度、湿度和气压有关。

(3) 多路径效应。由于接收机周围环境的影响, 使得 GPS 接收机所接收到的卫星信号中包含反射和折射信号的影响。

4. 数据处理软件方面的因素

(1) 用户在进行数据处理时引入的误差。

(2) 数据处理软件算法不完善对定位结果的影响。

5. 操作原固引起的误差

(1) 基站、流动站的整平、对中产生的误差。

(2) 采点时收敛精度未达到观测要求所产生的定位误差。

**五、GPS 的测量步骤**

GPS 测量工作主要分为外业工作和内业工作, 其工作流程包括对所要观测电力线路进行整体实地考察、制订观测计划、外业采集数据、内业处理数据、绘制图纸。

1. GPS 外业测量工作

在进行 GPS 测量之前, 必须做好一切外业准备工作, 以保证整个外业工作的顺利实施。外业准备工作一般包括测区的踏勘、资料收集、技术设计书的编写、设备的准备与人员安排、观测计划的拟订、GPS仪器的选择与检验。

GPS观测工作主要包括天线安置、观测作业、观测记录、观测成果的外业检核四个过程。

（1）选择基站点、埋石。由于GPS测量不需要点间通视，而且网的结构比较灵活，因此选点工作较常规测量简便。但点位选择的好坏关系到GPS测量能否顺利进行，关系到GPS成果的可靠性，因此，选点工作十分重要。选点前，收集有关布网任务、测区资料、已有各类控制点、卫星地面站的资料，了解测区内交通、通信、供电、气象等情况。

1）基站位置的选择应远离功率大的无线电发射台和高压输电线，以避免其周围磁场对GPS信号的干扰。

2）观测点应设在易于安置接收设备的地方，且视野开阔，在视野周围障碍物的高度角一般应小于$10°\sim15°$，在此高度角上最好不要有障碍物，以免信号被遮挡或吸收。

3）基站附近不应有大面积的水域或对电磁波反射强烈的物体，以减少对路径的影响。

4）对基线较长的GPS网，还应考虑基站附近有良好的通信设施和电力供应，以供观测站之间的联络和设备用电。

5）基站最好选在交通便利的地方，并且便于用其他测量手段联测和扩展。

6）基站架设完毕开机后，要找一个比较稳固的地方采集校验点，以便以后校正时使用。

（2）安置天线。天线一般应尽可能利用三脚架直接安置在标志中心的垂直方向上，对中误差不大于3mm。架设天线不宜过低，一般应距地面1.5m以上。天线架设好后，在圆盘天线间隔$120°$方向上分别量取三次天线高，互差须小于3mm，取其平均值记入测量手簿。为消除相位中心偏差对测量结果的影响，安置天线时用软盘定向使天线严格指向北方。

（3）外业观测。将GPS接收机安置在距天线不远的安全处，连接天线及电源电缆，并确保无误。按规定时间打开GPS接收机，输入测站名，卫星截止高度角，卫星信号采样间隔等。一个时段的测量工作结束后要查看仪器高和测站名是否输入，确保无误后再关机、关电源、迁站。为削弱电离层的影响，安排一部分时段在夜间观测。

对新线路进行测量，先采集转角杆杆位，如$J_1$、$J_2$、$J_3$等；然后利用GPS测量装置的线放样功能，依次在$J_1$和$J_2$、$J_2$和$J_3$等转角杆之间采集所需的地形点、交叉跨越点的数据。

（4）观测记录。外业观测过程中，所有的观测数据和资料都应妥善记录。观测记录主要由接收设备自动完成，均记录在存储介质（如磁带、磁卡或记忆卡等）上。记录的数据包括载波相位观测值及相应的观测历元、同一历元的测码伪距观测值、GPS 卫星星历及卫星钟差参数、大气折射修正参数、实时绝对定位结果、测站控制信息及接收机工作状态信息。

2. 内业处理观测数据

（1）观测成果检核。观测成果的外业检核是确保外业观测质量和实现定位精度的重要环节。因此，外业观测数据在测区时就要及时进行严格检查，对外业预处理成果，按规范要求进行严格检查、分析，根据情况进行必要的重测和补测，确保外业成果无误后方可离开测区。对每天的观测数据及时进行处理，及时统计同步环与异步环的闭合差，对超限的基线及时分析并重测。

（2）数据处理。GPS 测量数据处理是指从外业采集的原始观测数据到最终获得测量定位成果的全过程。大致可以分为数据的粗加工、数据的预处理、基线向量解算、GPS 基线向量网平差或与地面网联合平差等几个阶段。数据处理的基本流程如图 6-2 所示。图 6-2 中第一步数据采集和实时定位在外业测量过程中完成；数据的粗加工至基线向量解算一般用随机软件（后处理软件）将接收机记录的数据传输至计算机，进行预处理和基线解算；GPS 网平差可以采用随机软件进行，也可以采用专用平差软件包来完成。

1）下载测量数据：将 GPS 手簿上的测量数据下载到计算机中。

2）编辑数据：将不需要的数据点删除，然后将处理后的数据转换为绘图软件能够识别的文件类型。

3）生成平面图：利用绘图软件将处理后的数据转换成平面图。

4）生成平断面图：将平面图转换成标准格式的 GPS 数据，然后再将标准格式的 GPS 数据转换成平断面图。

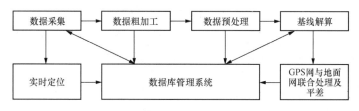

图 6-2　数据处理基本流程示意图

**六、GPS 的特点**

GPS 和传统的地面测量方法相比有以下特点：

（1）GPS测量装置在进行线路测量时不受天气的影响。GPS测量装置采用的是卫星定位原理，在进行观测工作时，可以在任何时间、任何地点连续地进行，特别是在视线不佳的天气或夜间仍能很好地工作，这是光学测量仪器所无法比拟的。

（2）GPS精度上与精密地面测量的结果相当，且今后进一步提高的潜力还很大。

（3）GPS控制网选点灵活，布网方便，基本不受通视、网形的限制，特别是在地形复杂、通视困难的测区，更显其优越性。但由于测区条件较差，边长较短（平均边长不到300m），基线相对精度较低，个别边长相对精度大于1/10000。因此，当精度要求较高时，应避免短边，无法避免时，要谨慎观测。在几百米的短距离内，要求得到精确的边长和角度值，通常使用GPS没有用测距仪或经纬仪迅速、准确。

（4）作业方便、速度快。GPS测量装置大大提高了在输电线路高程测量时的工作效率，简化了测量程序，缩短了测量时间。使用GPS可省去传统的造标工作，选点工作也大为简化；观测可在全天候条件下进行；接收机（测站点）的三维绝对坐标可即时得出；至于精确的相对坐标需在观测完成后，经过平差处理，才能求得。目前，已出现手持式小型接收机，使空间绝对定位变得简单。

（5）GPS测量装置对测量的数据具有存储功能，测量结束后通过绘图软件可以直接生成平面图和断面图，减小了绘图的工作量，提高了工作效率。

（6）GPS测量装置基本实现了自动化、智能化，且观测时间不断减少，大大降低了作业强度，观测质量主要受观测时卫星的空间分布和卫星信号的质量影响。但由于个别点的选定受地形条件限制，如树木遮挡等，影响对卫星的观测及信号的质量，需经重测后通过。因此，应严格按照有关要求选择基站位置，选择最佳时段观测，并注意手机、步话机等设备的影响。

（7）从长远看，经济上有利。目前，GPS接收机价格较贵，但随着产品的定型和批量生产以及市场的扩大，价格将迅速下降。

综上所述，GPS系统的应用将使控制测量领域产生深刻的变革。然而GPS系统也有它的不足，因此GPS系统不可能完全代替传统的测量手段。

❓ **思考与练习**

**问答题**

1. GPS的测量步骤有哪些？
2. GPS的特点是什么？

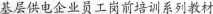

# 线路设计测量介绍

**学习目标**

掌握线路设计测量的步骤和方法。

**知识点**

1. 线路设计测量概述。

2. 线路初勘测量。

3. 线路选线测量。

4. 线路定线测量。

5. 线路断面测量。

6. 线路交叉跨越测量。

**技能点**

线路设计测量的方法。

**学习内容**

## 一、线路设计测量概述

在线路勘测设计阶段中进行的测量工作，称为线路设计测量。随着线路勘测设计阶段的不同，线路设计测量一般可以分为线路初勘测量、终勘测量和杆塔定位测量三部分。

在线路初步设计阶段，需要进行线路初勘测量。其主要任务是根据地形图上初步选择的路径方案，进行实地踏勘或局部测量，以便确定最合理的路径方案，为初步设计提供必要的测绘资料。

杆塔定位测量是在施工之前进行的测量工作。其主要任务是按照平断面图上排定的杆塔位置，通过测量方法把杆塔位置落实到地面上，现场验证或调整图上的定位方案，最后在地面上标定出杆塔的中心桩，以便日后进行施工。

## 二、线路初勘测量

在线路的起讫点之间选择一条能满足各种技术条件、经济合理、运行安全、施工方便的线路路径是线路初勘测量的主要任务，所以线路初勘测量也称为选择路径方案测量。

线路路径的选择是线路设计中一项十分重要的工作，它关系到线路设计和运行是否经济合理、安全可靠。所以在选线工作中，测量人员要根据工程任务的要求，首先做好资料的收集和室内选线等准备工作；然后根据室内选择的路径方案到现场选择、确定路径方案，并补充收集资料，为初步设计提供必要的测绘资料。

1. 收集资料

当线路设计任务书下达后，测量人员需要收集以下资料：

（1）线路可能经过地区的地形图。一般 1∶100000 或 1∶200000 地形图作为路径方案比较图；1∶50000 地形图作为线路路径图；1∶10000 地形图作为局部地段路径方案比较图或作为电力线与通信线相对位置图；1∶2000 或 1∶5000 地形图作为厂矿、城镇规划区、居民区及拥挤区地段的路径放大图。

（2）线路可能经过地区已有的平面、高程控制点的资料。

（3）了解线路两端变电站（或发电厂）的位置，进出线回路数和每回路数的位置，变电站（或发电厂）附近地上、地下设施以及对线路端点杆塔位置的要求。

（4）沿线附近的通信线路网，并绘制电力线与通信线的相对位置图，以便计算输电线路对电信线路的干扰影响。

（5）了解沿线厂矿企业、城市的发展规划，收集沿线机场、电台、军事设施、交通道路、铁路、水利设计等资料以及其对线路路径的要求。

2. 室内选线

室内选线又称图上选线。它根据线路的起讫点和收集的资料在地形图或航摄像片图上选择线路的路径。

室内选线由设计和测量人员共同进行。测量人员应协助设计人员在地形图上标出线路的起讫点、中间点和拟建巡线站、检修站的位置；标出城镇发展规划，新建、拟建厂矿企业及其他建筑物的范围；标出已运行的输电线路的路径、电压、回路数以及主要杆塔形式。然后，把拟设计线路的起点、中间点和终点相连，根据相连路线所经过地区的地形、地质、交通及交叉跨越情况，设法绕过障碍物，修改线路，从中选择出比较好的路径方案，并用不同的颜色将各路径方案的走径标记在地形图上，并注明线路的全长。

选线时，要全面考虑国家和地方的利益，以及线路对沿线地上、地下建筑物的影响，认真分析地形、地质、交通、水文、气象等条件，尽可能地使线路接近于直线，使线路沿着缓坡或起伏不大的地区布置。

为了减少恶劣气候对输电线路的影响，输电线路不宜架设在高山岭、分水岭和陡坡上。所选择的路径除应满足现行各种规定的技术条件外，还应尽量使选择的线路路径长度最短，少占农田，转角、跨越少，避开居民区、大森林以及地质恶劣的地带。此外，为了便于施工和检修，线路路径应尽量布置在靠近公路、铁路、水路等交通方便的地带。

室内选线完成后，由专人与沿线有关单位和部门进行协商，征求对图上选线方案的意见和要求，经双方共同协商后，应将一致同意的线路路径注明在地形图上，并签订协议备案。

3. 现场选择路径方案

现场选择路径方案是初勘测量的主要工作，也称为踏勘选线。它根据室内选择的路径方案，到现场实地察看，进行调查了解，鉴定图上所选路径是否能畅通无阻、是否满足选线技术条件，通过反复比较，以确定经济合理的路径方案。

实地察看时，应把沿线察看和中间察看相结合。沿线察看一般可根据实地的地物，先确定转角点的位置；然后目测两转角点之间的路径沿线情况。当线路较长或遇有障碍物时，若两转角点不能通视，可在线路中间的高处，目测线路前后通过的情况。在城市规划区、居民区、拥挤地段以及地形、地质、水文、气象条件比较复杂的地段，或对线路走径要求严格的地方，应重点察看。采用目测方法难以确定路径时，可采用仪器定线的方法测量路径的准确位置，然后判断是否满足有关条件。必要时要搜集或者测绘大跨越平断面图、重要交叉跨越平断面图、发电厂或变电站两端进出线平面图、拥挤地段平面图等。发现图上对路径有影响的地物与实际情况不符时，应现场进行补测、修改地形图。

现场实地察看时，应详细记录各个路径方案的优缺点，并提出可行的修改方案。根据踏勘选线的结果，测量人员要协同设计人员，修正图上选线方案；并再次对各方案进行技术、经济比较，最后确定一条经济合理、施工方便、运行安全的路径方案；并将选定好的路径绘在地形图上，由专人与沿线有关单位和部门对图上选线方案的征求意见和建议，经双方共同协商后，将一致同意的线路路径注明在地形图上，并签订协议备案，然后将初步设计方案报上级有关部门审批。

**三、线路选线测量**

选线测量是线路终勘测量的先行工作，其主要工作是根据批准的初步设计路径方案，在地面上选定转角点的位置，钉转角桩，桩顶与地面齐平。如遇树木、房屋等障碍物，转角点之间不能通视时，可在线路路径的方向上另选方向点竖立标志，用来作为定线测量的方向目标。

由于线路有转向，所以转角点的选择极其重要。技术上要求线路的转角点要少、转角要小，而且与前后相邻的距离避免出现过大或者过小的档距；另外，为了便于施工，转角点应选在易开挖、施工和运行方便的地方，要有一定的移动范围，以便调整线路。

转角桩的桩号应按顺序编排，通常用 J 来表示，如 $J_9$ 表示第九个转角桩。为了防止转角桩日后遗失，一般在转角点沿路径前后 10～15m 处钉方向桩。

选线测量除了确定线路方向之外，还应及时清除障碍物，以保证线路前后方向的通视，为定线测量创造条件。另外，当发现初勘测量选择的路径不够合理，或现场出现新的建筑物或其他设施时，应根据实际情况重新选线，改变初步设计的路径方案。

**四、线路定线测量**

1. 定线测量的主要任务

定线测量应在选线测量之后进行。其主要工作是按照选线测量确定的路径目标将线路路径落实到地面上。除了在地面上标定线路的起点、终点和中间点的桩位外，一般还应每隔一定距离（如送电线路 400～600m）在地面上标定一个方向桩，这是为了便于以后进行平断面测量及其他施工测量。同时测出转角点的转角大小，测出上述各方向桩的高程和各桩之间的水平距离，并以此作为平断面测量、交叉跨越测量和杆塔定位测量的控制数据。

定线测量应尽量做到线位结合，即在定线测量的同时要考虑到地形立杆塔的可能性。

此外，线路路径上标定的方向桩、测站桩、交叉跨越桩等均应分别按顺序标号。各种桩的符号以汉语拼音的第一个字母大写表示，如直线桩（Z）、转角桩（J）、杆塔位桩（G），分别按顺序编号。

2. 定线测量的方法

定线测量须根据路径上障碍物的多少以及地形复杂程度而采用不同的方法，其常用的方法有以下 4 种。

（1）前视法定线。如果相邻的转角点 $J_4$、$J_5$ 互相通视，可在 $J_4$ 安置经纬仪，在 $J_5$ 竖立标杆。然后用望远镜照准前视点 $J_5$，固定照准部。此时观察者通过望远镜，指挥定线扶杆人在选定的路径附近移动标杆，直至标杆与十字丝重合，即可直接标定出路径方向桩的位置。然后用标杆尖端在顶上钻一小孔，在孔中钉一小钉作为标志。在小钉钉好后，必须重复照准一次，以防有误。该方法主要在中、低压配电线路中使用。

（2）分中法定线。采用正、倒镜两次观测，以两次前视点的中分位置作为方向桩，以此确定直线的延长线，简称分中法定线。其施测方法如下：

已知 A 点和 T 点在同一条线上，若从 T 点延长 AT 直线，这时可将测量仪器安置在 T 点上，如图 7-1 所示。盘左后视 A 点，固定照准部，倒转望远镜定出前

视方向 $B$ 点；然后盘右再后视 $A$ 点，固定照准部，倒转望远镜定出前视方向 $C$ 点。若仪器视准轴与横轴垂直，则 $B$、$C$ 两点应重合；否则取 $B$、$C$ 两点连接线的中点 $D$ 作为 $AT$ 直线的延长线，并在 $D$ 点埋设方向桩。

对于送电线路采用经纬仪分中法定线时，直线延伸的长度，平地不应大于 800m，山区不宜大于 1200m。

方向桩的位置应选在便于仪器安置和观测，同时又不易丢失的地方，以利于将来施工定位时寻找。方向桩一般宜选在山岗、路边、沟边、树林等非耕种地带。

（3）三角法定线。若线路上有障碍物不能通过时，可采用三角法（或矩形法）间接定线，如图 7-2 所示。$AB$ 直线的延长线被建筑物挡住，此时可在 $B$ 点安置测量仪器，后视 $A$ 点，测设 $\angle ABC=120°$，在视线方向上定出 $C$ 点，$BC$ 长度以能避开建筑物为原则。然后安置测量仪器于 $C$ 点，后视 $B$ 点测设 $\angle BCD=60°$，量 $CD$ 长度等于 $BC$，定出 $D$ 点。再安置测量仪器于 $D$ 点，后视 $C$ 点，测设 $\angle CDE=120°$ 定出 $E$ 点，则 $DE$ 即为 $AB$ 的延长线。

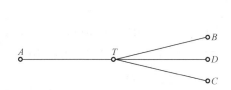

图 7-1　分中法定线示意图　　　　图 7-2　三角法定线示意图

在施测过程中，各转角点的水平角应采用测回法观测一个测回，三角形（或矩形）边长的两次丈量相对误差，应不大于 1/2000，且边长以不小于 20m 为宜。

（4）坐标定线法。坐标定线用于线路中线的位置必须用坐标控制的地段，如线路在出发电厂或进、出变电站的规划走廊区，以及城市规划区的建筑和建筑拥挤地段等。在线路通过上述区域时，应根据路径协议要求提供平面或高程资料，即线路与上述协议区的相对位置或杆塔位的坐标。由此，可以根据线路附近现有控制点的坐标值以及线路进出上述区域杆塔的坐标值反算出坐标方位角和水平距离，并利用控制点采用极坐标法在实地测设线路杆塔的位置。

3. 线路转角测量

线路上的转角点，均需进行水平角测量，以便进行转角杆塔设计。同时，检查方向点是否偏离直线方向。

水平角一般以测回法观测一个测回。若任务书对方向点、转角点的平面精度有要求时，应按照规定执行。

4. 距离、高程测量

在定线测量时，测量人员还应即时测量出方向桩点间的水平距离和方向桩的高程，以作为后面工序的控制数据。

各桩点之间点的水平距离和高差，应选用合适的测量仪器进行施测。

**五、线路平断面测量**

平断面测量分为平面测量和断面测量。在定线测量的同时，测绘出线路路径带状平面图、中线纵断面图、部分边线纵断面图及路径部分横断面图是平断面图测量的主要任务。平面及断面测量应遵循"看不清不测"的原则，宜就近桩位测量，平面及断面点应能真实地反映地形变化和地物、地貌特征。线路平断面图测量可以使用线路测量软件进行。

1. 复核定线测量的数据

在测量线路的平断面之前，首先应复核定线测量所埋设的方向桩之间的水平距离、高差、转角点的转角度数。若与定线测量的数值吻合时，则取定线测量的数据为控制数值。复核的方法与定线时采用的测量方法相同。

2. 线路的平面测量

在线路终勘测量中，一般对线路中心线两侧各 50m 范围内对线路有影响的道路、管线、建筑物、经济作物、自然地物以及与线路平行的弱电线路，应测绘其平面位置；对房屋或者其他设施应标记与线路中心线的距离及其高度。

线路中心线两侧 30m 内的地物一般可用仪器实测，对于不影响排杆位的地物或在线路中心线两侧 30～50m 之间的地物可不必实测，用目测方法勾绘其平面图。线路通过森林、果园、苗圃、农作物及经济作物时，应实测其边界，并注明其种类和高度。

当输电线路与弱电线路平行接近时，为了计算干扰影响，须测绘出其相对位置图。在线路中心两侧 500m 以内时，一般用仪器实测其相对位置；在 500m 以外时，可在 1/10000 或者 1/50000 地形图上绘出其相对位置。

若变电站线路进、出线两端没有规划时，还应测绘进、出线平面图。将变电站的门型构造、围墙，线路的进、出方向，以及进、出线范围内的以前地物、地貌均应绘在进、出线平面图上。进、出线平面图的比例尺为 1/500～1/5000。其施测方法和技术要求与地形测量相同，只是一般不注记高程。

3. 线路断面测量

在定线测量的同时，沿线路路径中心线及局部路径的边线或垂直于线路的方向，测量地形起伏变化点的高程和水平距离，以显示该线路的地形起伏状况，这种测量工作称为线路断面测量。其中沿线路路径中心线施测，称为纵断面测量；沿路径两边线方向施测，称为边线纵断面测量；沿垂直于路径方向施测，称为横断面测量。断面测量可采用视距测量的方法来测定断面点的距离和高程。

（1）纵断面测量。测量线路纵断面是为了绘制线路纵断面图，以供设计时排定杆塔的位置，使导线弧垂离地面或对被跨越物的垂直距离达到满足设计规范的要求。

1）断面点的选择。线路纵断面图的质量取决于断面点的选择。断面点测得越多，纵断面图越接近实际情况，但所做工作量太大；若断面点测得过少，很难满足设计的要求。在具体施测过程中，通常以能控制地形变化为原则，选择对排定杆塔位置或对导线弧垂有影响的、能反映地形起伏变化特点的作为断面点。对地形无显著变化或对导线没有影响的地点，可以不测断面点；而在导线弧垂对地面距离有危险影响的地段，则应适当增加施测断面点，并保证其高程误差不超过±0.5m。

一般来说，对于沿线的铁路、公路、通信线、电力线、水渠、架空管道等各种地上、地下建筑物和陡崖、冲沟等与输电线路交叉处，以及树林、沼泽、旱地的边界等，都必须施测断面点。在丘陵地段，地形虽然有起伏，但一般都能立杆塔，因此除明显的洼地外，岗、坡地段都应施测断面点。对于山区，由于地形起伏较大，应考虑到地段立杆塔的可能性。在山顶处应按地形变化选测断面点，而山沟底部对线路排定杆塔位影响不大，故可适当减少或不测断面点。平地断面点的间距不宜大于50m，独立山头不应少于3个断面点。在导线对地距离可能有危险影响的地段，断面点应适当加密。在跨河处的断面，断面点一般只测至水边。

若路径或路径两旁有突起的怪石或者其他特殊地形情况，常会导致导线弧垂到这些点的安全距离不能满足设计要求，这些点称为危险断面点。在断面测量中应及时测定其位置和标高，供设计杆塔时作为决定杆塔高度的参数。

2）施测方法。纵断面测量以方向桩为控制点，沿线路路径中心线采用视距测量的方法，测定断面点至方向桩间的距离和断面的高程。为保证施测精度，施测时应现场校核，防止漏测和测错；另外断面点宜就近桩位施测，不得越站观测；视距长度一般不应超过200m，若超过时应增设测站点后再施测。

（2）边线纵断面测量。在设计排定线路杆塔位置时，除了考虑线路的中心导线弧垂对地面的安全距离外，还应考虑线路两侧的导线（边线）弧垂对地面距离是否满足要求。两侧导线的断面称为边线断面。从图7-3中明显看出，当线路通过山区且为坡度变化地段时，决定杆塔的高度应根据边线纵断面。因此，设计要求当边线地面高出中线地面0.5m时，应施测边线纵断面。

边线纵断面测量应与线路纵断面测量同时进行。在测出线路中线某断面点后，扶尺者从该点沿垂直方向线上向外量出一个线间距离，立尺测其高程即为边线断面

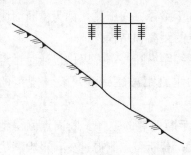

图 7-3　边线纵断面测量

点的地面高程。

（3）横断面测量。当线路沿着大于 1/5 的斜坡地带或接近陡崖、建筑物通过时，应测量与线路路径垂直的横断面，以便在设计排定杆塔位置时，充分考虑边导线在最大风偏后对斜坡地面或对突出物的安全距离是否满足要求。为此，横断面测量前应根据实地地形、杆塔位置和导线弧垂等情况，认真选定施测横断面的位置和范围。施测时，将经纬仪安置在线路方向桩上，先测定横断面与中线交点的位置和高程；然后将经纬仪安置在横断面与中线交点上，后视方向桩再转动照准部 90°，固定照准部；采用与纵断面测量相同的方法测出高于中线地面一侧的横断面。其施测宽度一般为 20～30m。

4. 线路平断面图的绘制

沿输电线路中心线，按一定比例尺绘制的线路断面图和线路中线两侧各 50m 内的带状平面图，称为线路平断面图。它是线路终勘测量的重要成果，是设计排定杆塔位的主要依据。

（1）线路纵断面的绘制。线路断面图包括线路纵断面图、局部边线断面图和横断面图。

1）纵断面图的绘制。根据纵断面测量的记录，计算出各断面点之间的水平距离，依据距离、高程值按一定比例尺逐点将断面点展绘在坐标方格纸上，然后再将各断面点连接起来，就得到了线路纵断面图。其绘图比例尺通常横向采用 1∶5000，表示水平距离；纵向采用 1∶500，表示高程。

在纵断面图上，除应显示出线路中线的地貌起伏状况和高程外，应注明各类方向桩、点位、高程和各点位间的距离，注明交叉跨越物的名称、里程、高程或高度，线路与高压线、通信线交叉时还应分别注明电压等级。另外，危险断面点在纵断面图上也应绘出。

对精度要求较高的大跨越等地段，为了提高确定杆塔高度、位置的正确性，线路纵断面图的绘图比例尺横向可采用 1∶2000，纵向可采用 1∶200。另外，当线路路径很长时，纵断面图可以分段绘制，连接处宜选在转角点部位。

2）边线断面图的绘制。根据边线断面图的高程，将边线断面点绘在相应的中线断面点所在点的竖线上。用虚线或点划线连接边线断面点，即得边线断面图。在边线断面图中，一般用点划线"—·—"表示右边线断面图，用虚线"———"表示左边线断面图。

3）横断面图的绘制。横断面图的纵向、横向绘图比例尺相同，且与纵断面图上的纵向比例尺一致。横断面图应绘在纵断面图上与危险断面点相对应的部位，通常采用 1∶500 比例尺将图绘制在纵断面图上方。横断面图上的中线点应与实测处的中线点在纵断面图同一竖线上。

（2）线路平面图的绘制。为了掌握线路走廊范围的地物、沟坎和地质情况，在纵断面图下面，根据需要对应绘制出线路中线两侧各 50m 范围内的带状平面图。平面图的比例尺应与纵断面图的横向比例尺相同，一般采用 1∶5000 的比例尺勾绘。线路转角点的位置、转角方向和转角度数，交叉跨越物的位置、长度及其交叉角度，线路中线附近的建筑物、农作物、自然地物及冲沟、陡坡等位置及边界在平面图上都应表示出来。

线路平断面图的绘制一般利用专用软件绘制。

### 六、线路交叉跨越测量

当输电线路与河流、电力线、电信线、铁路、公路、架空索道、房屋等地上或地下建筑物交叉跨越时，为了保证线路导线与被跨越物的距离满足设计要求，需要进行交叉跨越测量，以便合理地选择跨越地点和设计跨越杆塔。当线路跨越河流时，除进行跨越河流的平断面测量外，还应测定线路与河流的交叉角，测出历年最高洪水位和常年供水位以及航道位置。

若跨越的河流较大，应在跨越处测绘沿路径中线各 100m 宽的带状地形图，测图比例尺为 1∶500～1∶1000。

当线路与铁路、公路交叉时，应测定线路与铁路、公路中心线的交叉角及路基宽度，测量交叉处的路堤、路堑的高度和铁路轨顶高程、公路路面高程，测出交叉点到铁路、公路最近里程桩的距离。

当线路跨越或穿过已有电力线时，除了要测定线路与已有电力线的交叉角和交叉点地面高程外，还应测量交叉点到已有电力线两边杆塔的距离，测量中线交叉点处已有电力线的最高线或最低线的线高。若已有电力线两边杆塔不等高，从而影响交叉跨越或穿过时，还应测量有影响一侧边线交叉点处的线高。

当线路跨越通信线时，应测定线路与通信线的交叉角，测量中线交叉点处通信线的线高。若通信线两边杆高不等而影响交叉跨越时，还应施测有影响边线交叉点处的线高。与地下电缆、管道等交叉时，应准确地测量其在地下的位置和高程。

当线路跨越或靠近房屋时，应测交叉点的屋顶高程或相距房顶的距离，并注记屋顶的建筑材料；当线路跨越架空索道等其他设施时，应测量交叉点处被跨越物的顶部高度和范围；当线路通过林区时，应测量主要树种的高度并注记其名称。交叉跨越测量通常与平断面测量同时进行，以交叉跨越桩为控制点进行施测。

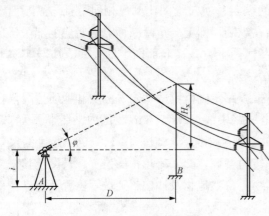

图7-4　交叉跨越测量

以跨越输电线路为例，如图7-4所示，介绍其施测方法。图中A点为新建输电线路中心线一测站点，被跨越物是一输电线路，其最高点为一根避雷线，因此，应测量线路中心线与被跨越避雷线交叉点对地面的高度。将仪器安置在线路中心线测站A点上，B点为线路中心线与避雷线交叉点在地面的投影。将视距尺（或棱镜）立于B点上，用视距测量法测出AB之间的水平距离D。然后上旋望远镜，以中丝对准避雷线，用一测回法测出仰角$\varphi$值。采用全站仪测量，可由内置软件遥测高程程序直接计算悬高$H_X$。则避雷线对地的高$H'_B$按下式求出

$$H'_B = H_X + i \qquad\qquad (7-1)$$

或

$$H'_B = D\tan\varphi + i \qquad\qquad (7-2)$$

式中　$H_X$——悬高，$H_X = D\tan\varphi$；

　　　$i$——仪器高度；

　　　$\varphi$——竖直角观测平均值；

　　　$D$——观测点至交叉点的水平距离。

【例7-1】　如图7-4所示，已知$\varphi = 10°40'$，$D = 85\text{m}$，$i = 1.53\text{m}$。试求避雷线对地面的高度为多少？

解：将题中已知数据代入式（7-8），得

$$H'_B = D\tan\varphi + i = 85\tan10°40' + 1.53 \approx 17.54 \text{（m）}$$

施测时应注意：

（1）上图中交叉跨越点位于线路中心，当被跨越避雷线的左、右侧存在高差时，还需测出线路边线与避雷线较高侧交叉点的相对高度；同理，当线路穿越已有线路时，应测出本线路的避雷线与已有导线较低侧交叉点的相对高度。

（2）重要交跨应在前视方向和后视方向各施测一次，彼此校核。

（3）当新建线路完工后，在试运行之前，需对跨越电力线路、重要通信线及铁路、公路、架空管索道等重要交叉跨越处的实际垂直高度，按交叉跨越的施测方法进行实测；并将实测数据，换算成导线最大弧垂状态时与被跨越物的最小垂直距离；并校核是否能满足规程规定的要求。

### 七、线路杆塔定位测量

杆塔定位测量是把平断面图上确定的杆塔位置通过测量手段将塔位落实到地上。

（一）图上定位

在线路平断面图上，选择杆塔类型，用模板排定杆塔位置的工作，称为杆塔定位。这种用模板确定杆塔位置，只能确定导线对地距离是否满足要求，而不能确定导线风偏后对杆塔的空气间隙是否满足要求，以及导线地线是否上拔、绝缘子串的机械强度是否满足要求等。因此，杆塔定位后，还必须进行一系列的校验工作，称为定位校验。

经过定位校验后，当各方面都能满足设计要求时，才能在平断面图上确定杆塔的位置。此时应在图上绘出每档内的导线弧垂曲线（上曲线）和导线对地的安全地面线（下曲线），并标注：杆塔类型及呼称高、编号、档距、高差、耐张段长度，代表档距及弧垂模板 $K$ 值等数据。

上述工作的全过程称为杆塔图上定位。

（二）杆塔定位测量

图上定位完成后，即可到现场将图上排定的杆塔位置落实到实地上，并埋设杆塔中心桩作为标记。在定位时若发现图上排定的杆塔位有不妥之处，应即时进行调整，并将调整的结果标记在平断面图上。

1. 直线杆塔位中心桩的定位

定位直线杆塔位中心桩时，一般应在最近的方向桩或转角桩上进行。根据图上定位时标注的里程，计算出杆塔位至邻近方向桩的水平距离，然后用前视法或分中法测出杆塔位中心桩的方向，再定位出杆塔位中心桩。

2. 转角杆塔位桩的定位

转角杆塔位桩，除按上述方法定位外，若设计要求需要位移桩，还要定位移桩，下面分别介绍位移的概念和位移桩的定位方法。

（1）转角杆塔中心的位移。当转角杆塔的横担为等长宽横担或不等长宽横担时，为使横担两侧导线延长线的交点落在线路转角桩上，以保证原设计角度不变，避免两侧直线杆塔承受的角度荷载发生变化，转角杆塔中心桩必须沿内角平分线方向位移一段距离，以确定其实际中心。

1）由等长宽横担所引起的位移。如图 7 - 5 所示，$\beta$ 为线路转角，$D$ 为横担两侧悬挂点之间的宽度，$O$ 为杆塔实际中心的位移桩，$J$ 为转角桩，则由横担宽度所引起的位移 $S_K$ 为

$$S_K = \frac{D}{2}\tan\frac{\beta}{2} \tag{7-3}$$

2) 由不等长宽横担所引起的位移。图 7 - 6 为不等长宽横担，其外角横担长，内角横担短。位移时，既要考虑横担宽度的影响，同时又要考虑横担不等长的影响。由前者引起的位移与等长宽横担相同，由后者引起的位移为

$$S_b = \frac{1}{2}(L_W - L_n) \tag{7-4}$$

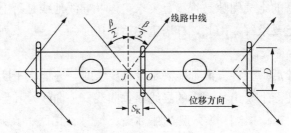

图 7 - 5　等长宽横担所引起的位移

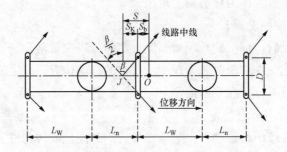

图 7 - 6　不等长宽横担所引起的位移

则总的位移距离为

$$S = S_K + S_b = \frac{D}{2}\tan\frac{\beta}{2} + \frac{1}{2}(L_W - L_n) = \frac{1}{2}\left(D\tan\frac{\beta}{2} + L_W - L_n\right) \tag{7-5}$$

式中　$L_W$——外角横担长；

　　　$L_n$——内角横担长。

（2）转角杆塔位移桩的测设。如图 7 - 7 所示，在转角桩 $J_2$ 上安装测量仪器，照准直线桩 $Z_6$，然后将照准部顺时针水平旋转 $\dfrac{180°-\beta}{2}$ 角度，在视线方向上从转角桩量出距离 $S$，即测出杆塔的位移桩 $O$。

（三）施测档距和杆塔位高差

当杆塔位中心桩测出后，即可用测量仪器施测档距和杆塔位高程，并与相邻的

方向桩进行复核。若不相符，应进行复测，以复测值作为最后结果。

（四）测量施工基面值

参照单元八之课题四。

（五）补测危险断面点

危险断面点是指弧垂与地面距离最近的点。当杆塔位置确定后，应用视距法补测危险断面点至测站的水平距离和高差。当上述工作完成之后，即可进行填写杆塔位明细表。加工整理平断面图等内业工作。

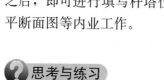思考与练习

**问答题**

1. 线路设计测量一般可以分为哪三个部分？
2. 线路初勘测量需要做哪几方面的工作？
3. 选线测量的主要工作是什么？
4. 定线测量的主要任务是什么？

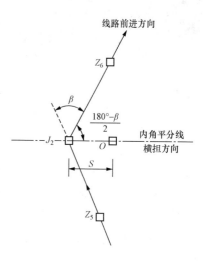

图 7-7　转角杆塔位置角的测量

# 线路施工复测和分坑测量

线路施工复测和分坑测量是线路施工的一项重要工作。施工前，根据施工图纸提供的线路中心线上各直线桩、杆塔位中心桩及测站桩的位置、桩间距离、档距和高程，进行复核测量。桩位以及相互距离和高差，其误差不能超过允许范围。若超出允许范围，则应查明原因并予以纠正。当杆塔位置校核完成并确认无误后，根据该塔的基础类型进行基础坑位置的测定及坑口的放样称为分坑，而前项工作称为复测。通常把这两项工作合在一起称为复测分坑。

## 课题一　线路杆塔桩复测

**学习目标**

1. 掌握线路复测的要求。

2. 会进行线路复测。

**知识点**

1. 线路杆塔桩位置的复测。

2. 档距和标高的复测。

3. 转角杆塔桩的复测。

4. 补桩复测。

5. 钉辅助桩。

6. 线路复测注意事项。

**技能点**

杆塔桩位置的复测。

**学习内容**

线路杆塔位中心桩的位置，是由设计人员根据设计测量绘制的线路断面图，根据架空线的弧垂以及地物、地貌、地质、水文等有关技术参数精心设计确定的。由于从设计定位到施工，需经过电气、结构的设计周期，往往间隔一段较长的时间。在这段时间里，往往会因农耕或其他原因使杆塔桩位偏移或杆塔桩丢失，甚至在线路的路径上新增地物，改变路径断面等情况。所以在线路施工前，应按照有关技术标准、规范，对设计测量钉立的杆塔位中心桩位置进行全面复核。对于桩位偏移或丢桩情况，应补钉丢失桩。复测的目的是避免认错桩位、纠正被移动过的桩位和补钉丢失桩，使施工与设计相一致。施工复测的施测方法与设计测量所使用的测量方法完全相同。

**一、直线杆塔桩位的复测**

直线杆塔桩位复测以两相邻的直线桩为基准，采用经纬仪（或全站仪）正倒镜分中法来复测杆塔位中心桩位置是否在线路的中心线上，如图 8-1 所示，图中 $Z_1$、$Z_2$ 为直线桩，2 号为直线杆塔中心桩。复测步骤如下：

（1）将仪器安置在 $Z_2$ 桩上，正镜后视 $Z_1$ 桩上的标杆，固定水平旋钮后竖转望远镜，前视 2 号杆塔桩，在 2 号杆塔桩左右测得 $A$ 点。

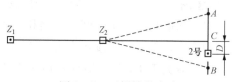

图 8-1　正倒镜分中法

（2）沿水平方向旋转望远镜，即倒镜瞄准 $Z_1$ 桩，再竖转望远镜前视 2 号杆塔桩，在 2 号杆塔桩左右测得 $B$ 点。

（3）量取 $AB$ 之中点 $C$，如 $C$ 点与 2 号桩重合，表明该直线杆塔桩位是正确的。如不重合时，量取 $C$ 至 2 号桩的水平距离 $D$，$D$ 为杆塔桩的横线路方向偏移量，直线杆横线路方向位移不应超过 50mm，如不超过限值，则为合格；超过时，应将杆塔位移至 $C$ 点上，以 $C$ 点作为改正后的杆塔桩位。

正倒镜分中法是直线杆塔桩位复测的常用方法。

**二、转角杆塔桩位的复测**

转角杆塔位的复测，采用测回法复测线路转角的水平角度值，看其复测值是否与原设计的角度值相符合。一般往往存在一定的偏差，但偏差量不应大于 $1'30''$。

如图 8-2 所示，将仪器安置在转角桩上，瞄准后视方向直线桩 $Z_5$（或转角辅助桩），固定位置后竖转望远镜，在 $Z_5$ 的延长线上，钉立一个辅助延长桩 $Z_7$。线路转角杆塔桩的角度，是指转角桩的前一直线的延长线与后一直线的夹角，即图 8-2 中的 $\alpha$。线路方向在前一直线延长线左侧的角叫左转角，在右侧的角叫右转角。图 8-2 中的 $\alpha$ 角是线路的左转角度。复测时用这个角值与设计图纸提供的角值对比，判定转角桩的角度是否符合要求。如所测角度值不大于误差规定值，则认为合格；如误差超过规定值，则应重新仔细复测以求得正确的角度值。如角度有错误应立即与设计人员联系，研究改正。

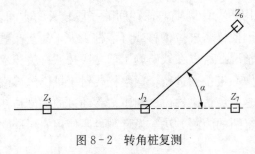

图 8-2　转角桩复测

### 三、档距和标高的复测

线路杆塔的高度是依据地形、交跨物的标高和导线的最大弧垂以及杆塔的使用条件来确定的。因此，若相邻杆塔桩位间的档距及杆塔位置、断面标高发生测量错误或误差较大，将会引起导线的对地或对被跨物的安全电气距离不够，或者超出杆塔使用条件，若线路竣工后发现这样的问题，势必造成返工，因而造成人力、物力等诸方面的浪费。所以复测工作非常重要，它是有可能发现设计测量错误的重要一环。

直线杆顺线路方向位移：视距法测量时，110kV 及以上架空电力线路不应超过设计档距的 1%，中低压架空电力线路不应超过设计档距的 3%。

对于送电线路，桩之间的距离和高程测量，可采用视距法同向两测回或往返各一测回测定，其视距长度不宜大于 400m，当受地形限制时，可适当放长；测距相对误差不应大于 1/200，对向不应大于 1/150；当距离大于 600m 时，宜采用电磁波测距仪或全站仪施测。

以下地形危险点处应重点复测：导线对地距离有可能不够的地形凸起点的标高；杆塔间被跨越物的标高；相邻杆塔位的相对标高。实测值与设计值相比的偏差不应超过 0.5m，超过时应由设计方查明原因并予以纠正。

### 四、补桩测量

有两种情况需要补桩：一是由于设计测量到施工测量要经过一段时间，因外界影响，当杆塔桩丢失或移位时，需要补桩测量，称为丢桩补测；二是设计时某杆塔位桩由某控制桩位移得到，如 5 号的杆塔位置为 $Z_5 + 30$，即 5 号的位置由 $Z_5$ 桩前视 30m 定位，这也需要复测时补桩测量，称为位移补桩。补桩测量应根据塔位明细表、平断面图上原设计的桩间距离、档距、转角度数进行补测钉桩。

#### 1. 补直线桩

直线桩丢失或被移动，应根据线路断面图上原设计的桩间距离，用正、倒镜分中延长直线法测定补桩。

#### 2. 补转角杆塔位桩

当个别转角杆塔位丢桩后，应做补桩测量，施测方法如图 8-3 所示。设图中 $J_2$ 为丢失的转角桩，将仪器安置于 $Z_5$ 桩上，以后视 $Z_4$ 为依据标定线路方向，采用正、倒镜分中延长直线的方法，根据设计图纸提供的桩间距离，在望远镜的前视方向上，$J_2$ 的前后分别钉 $A$、$B$ 两个临时木桩，并钉上小铁钉。用细线临时搭在

$A$、$B$ 两桩钉上，再将仪器移至直线桩 $Z_6$ 上安置，以前视直线桩 $Z_7$ 为依据，倒镜与 $A$、$B$ 两桩钉细线交点就是 $J_2$ 转角桩中心位置，交点钉钉即可。

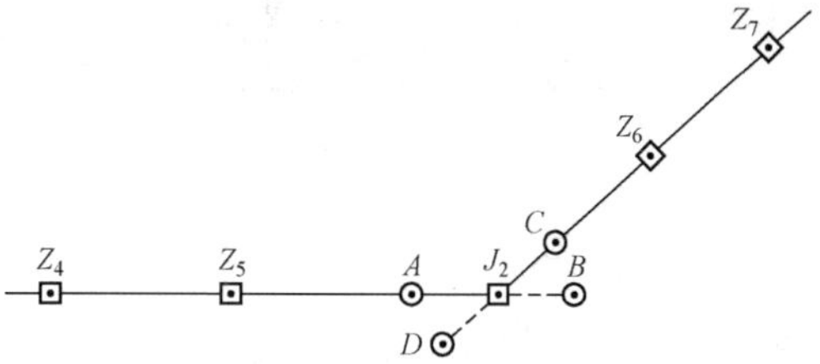

**五、钉辅助桩**

当线路杆塔中心桩复测确定后，应及时在杆塔中心桩的纵向及横向钉

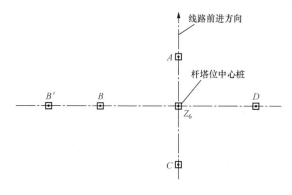

图 8-3　补转角杆塔位桩的测量

立辅助桩，以备施工时标定仪器的方向；当基础土方开挖施工或其他原因使杆塔中心桩覆盖、丢失或被移动时，可利用辅助桩位恢复杆塔中心桩原来的位置；辅助桩还可用来检查基础根开、杆塔组立质量。因此辅助桩也被称为施工控制桩。

直线杆塔辅助桩的测钉方法如图 8-4 所示。将仪器安置在杆塔位中心桩上，用望远镜瞄准前后杆塔桩或直线桩，在视线方向上，本杆塔桩位不远处的合适位置钉立 $A$ 辅助桩，竖转望远镜钉立 $C$ 辅助桩，通常 $A$、$C$ 称为顺线路或纵向辅助桩；然后将望远镜沿水平方向旋转 90°角，再在线路中心线垂直方向上钉立 $B$、$D$ 两辅助桩，则称为横向辅助桩。

图 8-4　直线杆塔辅助桩的测钉

辅助桩的位置应根据地形情况而定，应选择在较稳妥又不易受碰动的地方为宜。当遇有特殊地形不便在杆塔桩两侧钉立桩时，也可以在同一侧钉两个桩（如图 8-4 中的 $B$、$B'$ 桩）。

**六、线路复测注意事项**

线路复测是线路施工的第一道重要的工序，也是发现和纠正设计测量错误的重要环节，所以它关系到整个线路工程的质量。因此，在复测中应注意以下事项：

（1）在线路施工复测中使用的仪器和量具都必须经过检验和校正。

（2）杆塔位中心桩移桩的测量精度应符合下列规定：当采用钢卷尺直线量距时，两次测距之差不得超过量距的 1‰；当采用视距法测距时，两次测距之差不得超过测距的 5‰。

（3）在复测工作中，应先观察杆塔位桩是否稳固，有无松动现象，如有松动应先将杆塔位桩钉稳固后，再进行复测。

（4）复测后的杆塔位桩上，应清楚注记文字或符号，并涂与设计测量不同的颜色来标识，以示区别和确认复测成果。

（5）废置无用的桩应拔掉，以免混淆。

（6）在城镇或交通频繁地区，在杆塔桩周围应钉保护桩，以防碰动或丢失。

**？思考与练习**

**一、选择题**

下列每道题都有 4 个答案，其中只有 1 个正确答案，将正确答案填在括号内。

1. 线路转角杆塔位的复测，采用测回法复测线路转角的水平角度值，其复测值是否与原设计的角度值偏差量不应大于（ ）。

（A）30″； （B）1′； （C）1′30″； （D）2′。

2.（ ）是直线杆塔桩位复测的常用方法。

（A）视距法； （B）测回法；

（C）正倒镜分中法； （D）半测回法。

**二、问答题**

1. 线路复测内容有哪些？

2. 线路复测应注意哪些事项？

# 课题二 杆塔基础坑的测量

**学习目标**

掌握杆塔基础坑的测量方法。

**知识点**

1. 坑口尺寸数据的计算。

2. 直线双杆基础坑的测量。

3. 直线四角铁塔基础的分坑测量。

4. 转角杆塔基础的分坑测量。

**技能点**

基础的分坑方法。

**学习内容**

完成线路杆塔桩位的复测工作之后，即可进行每基杆塔位的基础坑位测量及坑口放样的分坑测量。

分坑测量的依据是每基杆塔基础的型号（可由型号图查出基础的各部尺寸）和

坑深，这些数据是分坑测量时的主要依据，是基础的实际指标数。但在坑口放样时必须考虑基础施工中的操作宽度及基础开挖的安全坡度系数。因此，分坑测量包括了坑口放样尺寸数据的计算和坑位测量两个步骤。

### 一、坑口尺寸数据计算

如图8-5是一个铁塔基础坑的剖视图，图中$D$和$H$是明细表中分别给出的基础设计宽度和高度，$e$表示施工的操作宽度，$a$为坑口放样时的宽度尺寸，可用下式计算

$$a = D + 2e + 2fH \quad (8-1)$$

式中$f$为基础坑的安全坡度，与土壤的安息角有关，对于不同的土壤，其$f$值不同，详见表8-1。

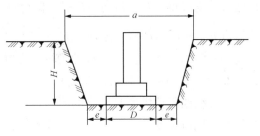

图8-5  铁塔基础坑剖视图

表 8-1                         一般基坑开挖的安全坡度

| 土壤分类 | 砂土、砾土、淤泥 | 砂质黏土 | 黏土、黄土 | 坚　　土 |
|---|---|---|---|---|
| 安全坡度 $f$（m） | 0.75 | 0.5 | 0.3 | 0.15 |
| 坑底增加宽度 $e$（m） | 0.3 | 0.2 | 0.1～0.2 | 0.1～0.2 |

【例8-1】  如图8-5所示，观察基坑表面土质为黄土，设计基坑的坑深$H=2.0$m，基础底宽$D=2.2$m。试求基坑坑口的放样尺寸$a$应为多少？

**解：** 由表8-1查得黄土的$f=0.3$m，考虑取$e=0.1$m，则坑口的宽度为

$$a = D + 2e + 2fH = 2.2 + 2 \times 0.1 + 2 \times 0.3 \times 2.0 = 3.6 \ (m)$$

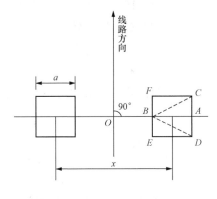

图8-6  直线双杆基础分坑
$a$—坑口边长；$x$—根开

### 二、基础坑位的测量

杆塔有铁塔与拉线杆两大类型。因此，杆塔基础有主杆基础坑与拉线基础坑之分，本课题将介绍主杆基础坑的分坑方法。

1. 直线双杆基础坑的测量

直线双杆基础分坑如图8-6所示，具体步骤如下：

（1）在杆位中心桩设测站，安置仪器。

（2）仪器水平度盘置零，前视或后视相邻杆塔中心桩；然后仪器转90°，在线路左右两侧定辅助桩。

93

（3）从中心桩 $O$ 点起在横线路方向线上量水平距离 $\frac{1}{2}(x+a)$ 与 $\frac{1}{2}(x-a)$，得 $A$、$B$ 两点。

（4）取尺长为 $\frac{1}{2}(1+\sqrt{5})a$，使尺两端分别与 $A$、$B$ 点重合，在距 $A$ 点 $\frac{1}{2}a$ 尺长处拉紧皮尺得点 $C$，折向 $AB$ 另一侧得点 $D$；同理，在距 $B$ 点 $\frac{1}{2}a$ 尺长处拉紧皮尺得点 $F$，折向 $AB$ 另一侧得点 $E$。

（5）$C$、$D$、$E$、$F$ 点连线即为坑口位置。以同样方法可得出另一坑口位置。

2. 直线四脚铁塔基础的分坑测量

因直线四脚铁塔本身结构的原因，铁塔基础坑可归结为下述三种类型：基础根开相等，坑口宽度也相等；基础根开不等，但坑口宽度相等；基础根开不等，坑口的宽度也不相等。下面分别介绍各种基坑的分坑方法。

（1）等根开等坑口宽度基础（正方形基础）的分坑测量步骤如下所示，分坑图如图 8-7 所示。

1）塔位中心桩 $O$ 点距坑中心、远角点及近角点距离 $E_0$、$E_1$、$E_2$ 分别为

$$E_0 = \frac{\sqrt{2}}{2}x \tag{8-2}$$

$$E_1 = \frac{\sqrt{2}}{2}(x+a) \tag{8-3}$$

$$E_2 = \frac{\sqrt{2}}{2}(x-a) \tag{8-4}$$

2）在塔位中心桩 $O$ 点安置仪器，仪器前视或后视相邻杆塔位中心桩，水平度盘置零，然后仪器转 45°角，在此方向线上定出辅助桩 $A$、$C$；仪器转 135°，定出辅助桩 $B$、$D$。

3）以 $O$ 点为零点，在 $OA$ 方向线上量水平距离 $E_1$、$E_2$ 得 1、2 两点。取 $2a$ 尺长，尺两端分别于 1、2 点重合，在尺中部 $a$ 处拉紧即勾出点 3，折向另一侧得点 4，点 1、2、3、4 的连线为所要求的坑口位置。

4）同理，勾画出另外三个坑位。

（2）不等根开等坑口宽度基础（矩形基础）的分坑测量。由图 8-8 可以看出：基础的两个根开 $x$ 和 $y$ 不相等，因各基础杆坑中心连线所组成的图形为矩形，所以称它为矩形基础。这种基础坑口的内、外对角顶点，不能同时在矩形基础的对角线上。所以，就不能利用图 8-7 的分坑方法进行分坑测量。矩形基础的分坑方法有多种方法，现介绍最实用的方法如下：

1）在塔位中心桩 $O$ 点设置仪器，前视相邻杆塔位中心桩，在此方向线上，以 $O$ 点为零点量取 $OA = \frac{1}{2}(x+y)$ 得 $A$ 辅助桩；倒转镜头，在 $AO$ 的延长线上量取 $OB = \frac{1}{2}(x+y)$ 得 $B$ 辅助桩。然后，仪器水平转 $90°$，在此方向上以 $O$ 点为零点，量取 $OC = \frac{1}{2}(x+y)$，倒转镜头，在 $CO$ 延长线上量取 $OD = \frac{1}{2}(x+y)$，即得 $C$、$D$ 两辅助桩。

2）$D$ 点距坑中心、远角点及近角点距离 $E_0$、$E_1$、$E_2$ 分别为

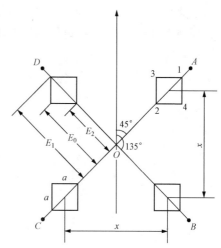

图 8-7　直线铁塔正方形基础的分坑
$a$—坑口边长；$x$—根开

$$E_0 = \frac{\sqrt{2}}{2}y \tag{8-5}$$

$$E_1 = \frac{\sqrt{2}}{2}(y+a) \tag{8-6}$$

$$E_2 = \frac{\sqrt{2}}{2}(y-a) \tag{8-7}$$

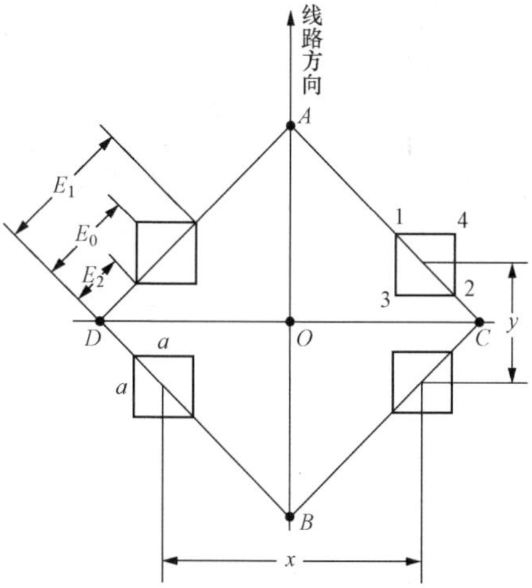

3）以 $C$ 点为零点，在 $CA$ 方向线上量水平距离 $E_1$、$E_2$ 得 1、2 两点。取 $2a$ 尺长，尺两端分别与 1、2 点重合，在尺中部 $a$ 处拉紧即勾出点 3，折向另一侧得点 4，点 1、2、3、4 的连线为所要求的坑口位置。

4）分别以 $C$、$D$ 点为零点，在 $CB$、$DA$、$DB$ 方向线上量取 $E_1$、$E_2$ 值，同样的方法，勾画出另外三个坑位。

需要说明的是，当 $x=y$ 时，矩形铁塔基础就变成了正方形铁塔基础，所以正方形铁塔基础只是矩形铁塔基础的一种特殊形式。

一般情况下（地形较好时），正方形铁

图 8-8　直线铁塔矩形基础分坑
$a$—坑口边长；$x$—横线路根开；$y$—顺线路根开

塔基础的分坑方法也最好采用矩形铁塔基础分坑的（即按 8-8 分坑示意图）方法，因为该种方法分坑时 4 个辅助桩是闭合的，校对 4 个辅助桩的相互距离无误后，可保证基础坑的位置及找正各层模板及地脚螺栓位置的准确性。

（3）不等根开不等坑口宽度的基础分坑测量。如图 8-9 所示，这种类型的基础有 $x$、$y$ 及 $z$ 三个互不相等的基础根开，但它们之中又具有这样的关系：即横线路根开 $y=y_1+y_2$，而 $y_1=\dfrac{x}{2}$，$y_2=\dfrac{z}{2}$，$\theta=45°$，两组基坑的中心分别在两条互相垂直的对角线上。由图中几何关系可得，塔位中心桩 $O$ 点到线路两侧大、小基坑的内、外角顶点的距离分别是

$$L_1=\frac{\frac{1}{2}(x-a)}{\sin45°}=\frac{\sqrt{2}}{2}(x-a) \tag{8-8}$$

$$L_2=\frac{\frac{1}{2}(x+a)}{\sin45°}=\frac{\sqrt{2}}{2}(x+a) \tag{8-9}$$

$$l_1=\frac{\frac{1}{2}(z-b)}{\sin45°}=\frac{\sqrt{2}}{2}(z-b) \tag{8-10}$$

$$l_2=\frac{\frac{1}{2}(z+b)}{\sin45°}=\frac{\sqrt{2}}{2}(z+b) \tag{8-11}$$

式中　$a$——大基础坑口的宽度，m；

　　　$b$——小基础坑口的宽度，m。

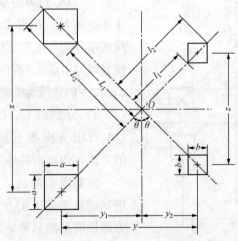

图 8-9　不等根开不等坑口宽度的基础分坑测量

这种基础的分坑方法与正方形基础的分坑方法完全相同，不再赘述。但是，切

记不要把大基坑与小基坑在线路侧的位置互相调换。

本类型基础多用于高低腿铁塔及部分转角铁塔中。目前，500kV 线路中的高低腿铁塔出现了矩形基础，由于基础只有两个根开值，所以仍按矩形基础的分坑方法进行分坑。

　　3. 转角杆塔基础的分坑测量

转角铁塔的塔位桩有两种型式：一种是杆塔位中心桩就是转角塔的塔位桩，称这种转角塔为无位移转角塔；另一种是杆塔位中心桩不是转角塔的塔位桩，即实际的转角塔位桩与杆塔位中心桩之间有一段距离，称这种转角塔为有位移转角塔。位移距离的计算见单元七。

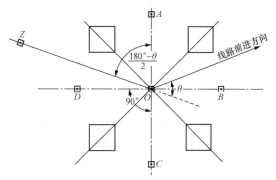

　　（1）无位移转角铁塔基础的分坑测量。图 8-10 所示的是一个左转角的无位移转角塔基础示意图，设转角值为 $\theta$，其辅助桩的钉立及分坑方法如下：

图 8-10　无位移转角铁塔基础的分坑测量

　　1）将仪器安置在转角塔位中心桩 $O$ 点上，望远镜瞄准线路前视或后视方向上的直线杆位桩或方向桩，同时使水平度盘置零。然后顺时针旋转照准部，测出 $\dfrac{180°-\theta}{2}$ 的水平角，在望远镜正、倒镜的视线方向上钉立 $A$、$C$ 两个辅助桩。再使望远镜顺时针水平旋转 $90°\left(\text{此时角度为} \dfrac{180°-\theta}{2}+90°\right)$，在望远镜的正、倒镜视线方向上，分别钉立 $D$ 和 $B$ 辅助桩。

　　2）由图 8-10 可以看出：$A$、$B$、$C$、$D$ 4 个辅助桩在两条互相垂直的直线上，$BD$ 又恰好在 $\theta$ 角的平分线上。

　　此种转角塔的基础根开和坑口宽度，通常分别相等。因此，其基础的分坑方法与正方形基础的分坑方法一致。

　　（2）有位移转角塔基础的分坑测量。转角塔的塔位中心桩位移距离，是由于转角值较大，受转角塔的导线横担等因素的影响，使之在导线挂线后，引起线路方向的变化，为了消除这种影响，必须将转角塔位中心桩向线路转角内侧的角平分线方向，平移位移 $s$，其分坑方法如下：

　　图 8-11 是分坑测量示意图。将仪器安置于线路转角桩 $O$ 点上，以前视或后视直线桩为依据，测出 $\dfrac{180°-\theta}{2}$ 水平角，在望远镜正、倒镜视线方向上钉立 $A$ 和 $C$ 辅

助桩；其后，在线路转角的内侧 $OA$ 连线上，截取 $OO_1 = s$ 并钉立转角塔位中心桩 $O_1$，如图 8-11 所示。

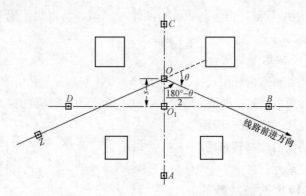

图 8-11　有位移转角铁塔基础的分坑测量

再将仪器移至 $O_1$ 桩上安置，瞄准 $A$ 桩后，使望远镜水平旋转 $90°$，在正、倒镜视线方向上钉立 $B$ 和 $D$ 辅助桩。

最后，根据上述钉立的 4 个辅助桩，按等根开、不等坑口宽度铁塔基础的分坑方法进行分坑，大基坑在线路转角的外侧，小基坑在线路转角的内侧，如图 8-11 所示。

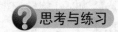 思考与练习

**问答题**

1. 如何进行直线双杆基础的分坑测量？

2. 如何进行矩形基础的分坑测量？

# 课题三　拉线坑位的测量和拉线长度计算

**学习目标**

1. 会进行拉线坑位的测量和拉线长度计算。

2. 掌握 V 形拉线和 X 形拉线坑位测量和拉线长度计算。

**知识点**

1. V 形拉线坑位测量和拉线长度计算。

2. X 形拉线坑位测量和拉线长度计算。

**技能点**

拉线坑位测量。

**学习内容**

拉线杆塔是采用拉线来稳定杆塔结构的。拉线杆塔具有经济指标低、材料消耗少和施工方便等优点。其缺点是由于打拉线而不便于农业机械耕作，所以使用范围受到一定限制。

在杆塔组立前，要正确测定拉线坑的位置，使拉线符合设计要求，以保证杆塔的稳定和电气距离的安全。拉线坑的位置与横担轴线之间的水平夹角，以及拉线对杆轴线的夹角（也有标注对地夹角）有关。拉线形式有四方形、V 形、X 形和八字形等。本课题主要介绍 V 形和 X 形拉线基础坑位测量和坑口放样以及拉线长度的计算方法。

**一、V 形拉线坑位测量和拉线长度计算**

图 8-12 是直线杆 V 形拉线的正面图和平面布置图，图中，$h$ 为拉线悬挂点至杆轴与地面交点的垂直高度，$a$ 为拉线悬挂点与杆轴线交点至杆中心线的水平距离，$H$ 为拉线坑深度，$D$ 为杆塔中心至拉线坑中心的水平距离。

如图 8-12 所示，拉线坑位置分布于横担前、后两侧，同侧两根拉线合盘布置，并在线路的中心线上，成前后左右对称于横担轴线和线路中心线。由此，对同一基拉线杆，因为 $h$ 不变，若当杆位中心 $O$ 点地面与拉线坑中心地面水平时，图 8-12（b）中的两侧 $D$ 值应相等；当杆位中心 $O$ 点地面与拉线坑中心地面存在高差时，两侧 $D$ 值不相等，则拉线坑中心位置随地形的起伏沿线路中心线而移动，拉线的长度也随之增长或缩短。

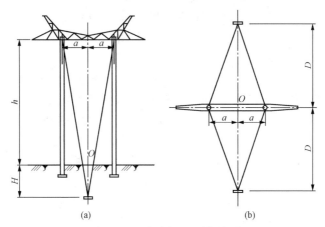

图 8-12　直线杆 V 形拉线图

（a）正面图；（b）平面布置图

图 8-13 是 V 形拉线基础坑位的几何关系图，从图中可知

$$\varphi = \arctan \frac{D}{h+H} \qquad (8-12)$$

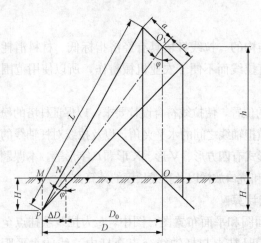

图 8-13  V 形拉线基础坑位几何关系图

无论地形如何变化，$\varphi$ 角必须保持不变，所以当地形起伏时，杆位中心 $O$ 点至 $N$ 点之间的水平距离 $D_0$ 和拉线长 $L$ 也随之变化。下面就此三种情况介绍拉线坑位的测量方法。

1. $N$ 点与 $O$ 点地面等高

如图 8-13 所示，$O_1$ 是两拉线悬挂点间的中心，$\varphi$ 是 V 形拉线杆轴线平面与拉线平面之间的夹角，$P$ 点是两根拉线形成 V 形的交点，$M$ 点是在地面上的投影（即坑位中心），$N$ 点是拉线平面中心线 $O_1P$ 与地面的交点（即拉线出土位置），其他符号的含义与图 8-12 相同。由图 8-13 的几何关系可得出杆位中心桩至 $N$ 点的水平距离为

$$D_0 = h\tan\varphi \tag{8-13}$$

拉线坑中心桩至 $N$ 点的水平距离为

$$\Delta D = H\tan\varphi \tag{8-14}$$

由式（8-13）、式（8-14）可得 $D = D_0 + \Delta D = (h+H)\tan\varphi$。

拉线全长为
$$L = \sqrt{O_1P^2 + a^2} = \sqrt{(h+H)^2 + D^2 + a^2} \tag{8-15}$$

双拉线出土点之间的水平距离为 $b = 2a \times \Delta D / D$。

式（8-13）～式（8-15）反映了 $N$、$M$ 点与杆位中心 $O$ 点之间的关系。拉线坑口依以下施测方法测定。

如图 8-14 所示，将仪器安置在杆位中心桩 $O$ 点上，望远镜瞄准顺线路 $A$ 点辅助桩，在视线方向上，用尺子分别量取 $ON = D_0$、$NM = \Delta D$，即得到 $N$、$M$ 两点的位置。$N$、$M$ 两点确定后选择以下方法之一测定坑口位置。

（1）在望远镜的视线上量取 $ME = MF = a/2$ 得 $E$、$F$ 两点。将视距尺横放在地上，使视距尺的某整数对准 $E$ 点，并使视距尺的一条棱线与望远镜横丝重合，自 $E$ 点向尺的两边各量取 $b/2$ 距离，得 1、2 两点；再将视距尺移至 $F$ 点，依同法测得 3、4 两点。1、2、3、4 即拉线坑口位置，该拉线坑位放样测量完成。

（2）$E$、$F$ 两点测定后，取尺长为 $\left(\dfrac{b}{2} + \sqrt{\Delta D^2 + \dfrac{b^2}{4}}\right)$，使尺两端分别与 $E$、$F$ 点重合，在距 $E$ 点 $\dfrac{1}{2}b$ 尺长处拉紧皮尺得点 1，折向 $EF$ 另一侧得点 2；同理，在距 $F$ 点 $\dfrac{1}{2}b$ 尺长处拉紧皮尺得点 3，折向 $EF$ 另一侧得点 4。1、2、3、4 即拉线坑口位置。

竖转望远镜，按上述方法操作，测量出另一侧的拉线坑口位置。

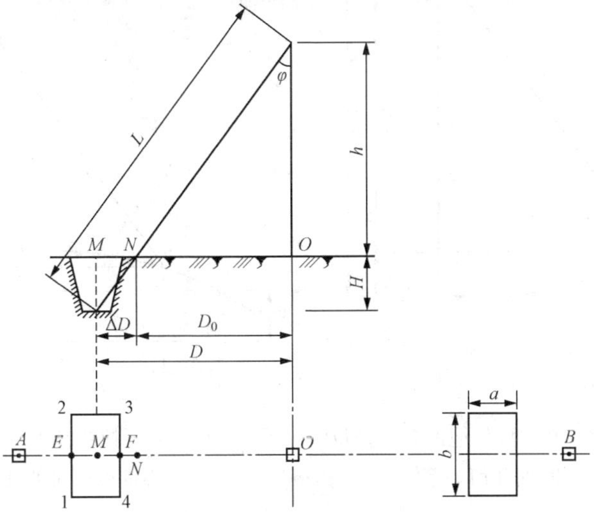

图 8-14　平坦地形的 V 形拉线坑位测量

2. $N$ 点地面高于 $O$ 点地面

如图 8-15 所示，$N$ 点地面高于杆位中心桩 $O$ 点地面，两点间的高差为 $\Delta h$，由图中关系可知

$$D_0 = (h - \Delta h)\tan\varphi \tag{8-16}$$

$$D = D_0 + \Delta D = (h - \Delta h + H)\tan\varphi \tag{8-17}$$

由式（8-16）和式（8-17）可以看出，当高差 $\Delta h$ 增大时，$D_0$ 及 $D$ 将会减小；当 $\Delta h$ 减小时，$D_0$ 及 $D$ 将增大。因此，拉线的长度也随之变化，拉线的长度 $L$ 按下式计算

$$L = \sqrt{(h - \Delta h + H)^2 + D^2 + a^2} \tag{8-18}$$

3. $N$ 点地面低于 $O$ 点地面

如图 8-16 所示，$N$ 点地面低于杆位中心桩 $D$ 点地面时，其高差为 $-\Delta h$，将 $-\Delta h$ 分别代入式（8-16）～式（8-18），可求出 $D_0$、$D$ 和 $L$ 的值。从图 8-16 中可以看出，当 $M$ 点低于 $N$ 点时，拉线基础的埋深应从 $M$ 点起算，因此，$D_0$、$D$ 及 $L$ 的长度为

$$D_0 = (h + \Delta h)\tan\varphi \tag{8-19}$$

$$D = (h + \Delta h_1 + H)\tan\varphi \tag{8-20}$$

$$L = \sqrt{(h + \Delta h_1 + H)^2 + D^2 + a^2} \tag{8-21}$$

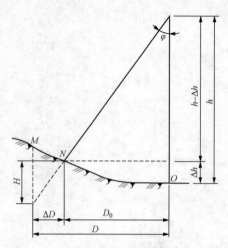

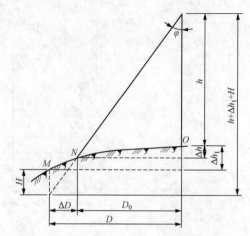

图 8-15　V形拉线基础坑位地面高于杆位　　　图 8-16　V形拉线基础坑位地面低于杆位
　　　　　中心桩地面时的几何关系　　　　　　　　　　　中心桩地面时的几何关系

综上可知，要测定拉线坑的位置必须先定出 $N$ 点，而 $N$ 点又根据 $\Delta h(\Delta h_1)$
和 $D_0$ 确定。在实际施工测量中根据拉线的悬挂高度 $h$、拉线与杆轴线之夹角 $\varphi$ 以
及拉线坑深 $H$ 的已知数据，按式（8-19）～式（8-21）采用可编程的计算器进
行现场计算；或用电子表 EXCEL 计算并制成表格，以备在测量时根据线路地形情
况中查取。

在进行拉线坑测量时，首先计算出 $D_0$ 和 $\Delta D$ 的值，定出平地时的 $N$ 和 $M$ 点
的位置。然后再在 $N$（或 $M$）点立视距尺，测出杆位中心桩 $O$ 点与 $N$（或 $M$）点
的高差值 $\Delta h$，即 $\Delta h = H_N - H_0$（或 $\Delta h = H_M - H_0$），当 $\Delta h$ 为正值时，表明 $N$（或
$M$）点高于 $O$ 点地面，应向 $O$ 点方向平移 $\Delta D'$ 距离；当 $\Delta h$ 为负值时，$N$（或 $M$）
点低于 $O$ 点地面，应向外侧平移 $\Delta D$ 距离。下面的例题说明测量倾斜坡地拉线坑
位的施测方法。

【例 8-2】设拉线悬挂点高度 $h=20.75\text{m}$，基坑深 $H=2.2\text{m}$，拉线悬挂点间
距离 $2a=7.0\text{m}$，$D=13.70\text{m}$，$N$ 点与 $O$ 点地面等高，试求 $\varphi$、$D_0$ 和 $\Delta D$ 的值。

**解:**
$$\varphi = \arctan\frac{D}{h+H} = \arctan\frac{13.70}{20.75+2.2} = 30°50'$$
$$D_0 = h\tan\varphi = 20.75\tan30°50' = 12.39 \text{ (m)}$$
$$\Delta D = H\tan\varphi = 2.2\tan30°50' = 1.31 \text{ (m)}$$

若上例中，$D$ 未知，已知拉线与地夹角 60°，则根据图 8-13 中的几何关系，
求 $D$ 值。

$$D = \frac{h+H}{\tan60°} = \frac{20.75+2.2}{\tan60°} = 13.25 \text{ (m)}$$

【例 8-3】  如图 8-17 所示，设 $h=20.75\text{m}$，$H=2.2\text{m}$，$\varphi=30°$。试计算并测量出 V 形坑的位置。

**解**：由图 8-17 所示，拉线坑处在斜坡上侧，首先需确定 $N$ 点的位置。确定 $N$ 点有两种测法，下面结合本例介绍其施测方法。

（1）试凑法。将仪器安置于图 8-17（a）中的杆位中心桩 $O$ 点上，使望远镜瞄准顺线路中心线，由 $O$ 点向视线方向用尺量取平距 $D_1$，在地面测得一点 $N_1$，该点相当于平地的 $N$ 点。

$$D_1=h\tan\varphi=20.75\tan30°=11.98\ (\text{m})$$

测得 $N_1$ 点与 $O$ 点地面高差 1.5m，即 $\Delta h=1.5\text{m}$。由于存在高差，根据前述原理，$N$ 点应在 $N_1$ 向 $O$ 点移动 $D'$

$$D'=\Delta h\tan\varphi=1.5\tan30°=0.87\ (\text{m})$$

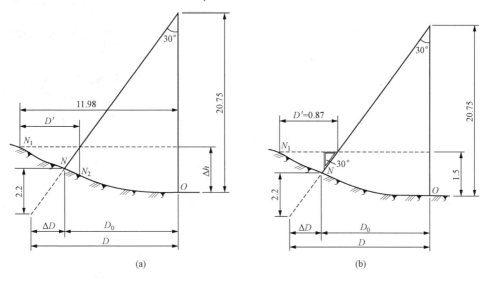

图 8-17  测量拉线坑拉
（a）试凑法；（b）三角板法

自 $N_1$ 点向 $O$ 点方向上量取平距 0.87m，得 $N_2$ 地面点，则 $N_2\sim O$ 点的实际平距为 $11.98-0.87=11.11\text{m}$。测得 $N_2$ 点与 $O$ 点地面高差为 0.3m，$D'=0.17\text{m}$，则根据计算得 $N_2\sim O$ 点的平距应为 $D_1-D'=11.98-0.17=11.81\text{m}$。实测数据与计算数据不符，说明 $N_2$ 点不是所要求测的 $N$ 点。由以上平距数据可知，所求测的 $N$ 点一定在 $N_1\sim N_2$ 点的区间内。因此自 $N_2$ 向 $N_1$ 点方向逐点试凑，当试凑到某一点位的实测平距值与这点对 $O$ 点的计算值距相等时，表明该点即为所求测的 $N$ 点。

设测得某点时，实测得该点至 $O$ 点平距为 11.69m；与 $O$ 点地面的高差 $\Delta h=$ 0.5m，则 $D'=0.29$m，得这点到 $O$ 点的计算平距 $D_0=11.98-0.29=11.69$m。两者相符，所以，该点就是所求测得 $N$ 点。

在实际测量中，一般只需试凑 3～4 次，即可确定求测点的位置，这就是施测中最常用的试凑法。

当 $N$ 点位置确定后，拉线坑口放样方法可参照前述的平坦地形的测量方法进行分坑。采用试凑法测量拉线坑，不但适用于 $N$ 点高于杆位中心桩 $O$ 点地面的情况，同样也适用于 $N$ 点低于 $O$ 点地面的情况，而且还适用于 $M$ 点低于 $O$ 点的地形，用试凑法确定求测的 $N$（或 $M$）点时，只需满足实测点至 $O$ 点的实测平距值等于该点于平地时对 $O$ 点的 $D_0$（或 $D$）值与相应的高差位移位值 $D'$ 之和即可。

（2）三角板法。三角板法是另一种确定拉线坑的 $N$（或 $M$）点位置的方法。下面仍以上题为例，介绍其施测方法。

首先预制作 1 块角度 $\varphi=30°$ 的直角三角板，$\varphi$ 是 V 形拉线杆轴线平面与拉线平面间的夹角。

如图 8-17（b）所示，将仪器安置在杆位中心桩 $O$ 点上，望远镜瞄准顺线路中心线，在视线方向上，用尺量取平距 $D_1=11.98$m，测得 $N_1$ 点和该点与 $O$ 点地面高差。设 $\Delta h$ 为 1.5m，计算得 $D'$ 为 0.87m，将尺子自 $N_1$ 点沿 $O$ 点方向拉紧拉平，并使零刻划线对准 $N_1$ 点，将三角板非 $\varphi$ 角的锐角顶点，对准尺上的 0.87m 刻划线，且使其直角边与尺子重合，则三角板斜边的延长线与地面的交点即是 $N$ 点。为了避免错误，在测得 $N$ 点之后，仍需测 $N$ 点与 $O$ 点的高差和平距进行复核检查。

确定了 $N$ 点以后，坑口的放样工作同前述方法。

4. V 形拉线长度的计算

计算的拉线 $L$ 全长包括了连接金具、钢绞线以及拉线棒等长度之和。其中钢绞线因地形的变化，其长度可增长或缩短，其余金具和铁件按设计要求配置。所以，在实际工程中最需要的是计算出钢绞线的下料长度。同时为了钢绞线在受力的情况下不至于从连接线夹中滑出，在钢绞线与线夹连接的两端各增加 1 个回头绑扎长度，其长度一般由设计图纸明确。因此，计算出拉线全长之后，应减去连接金具和拉线棒的固定长度，再加上两端钢绞线的回头绑扎长度，这才是钢绞线的下料实长。

【例 8-4】 在［例 8-3］中，若知 $a=3.5$m，试计算一根拉线的全长及钢绞线的下料长度。

解：图 8-17 中的 $N$ 点地面高于 $O$ 点地面，则

$$L=\sqrt{(h-\Delta h+H)^2+D^2+a^2}$$
$$=\sqrt{(20.75-0.5+2.2)^2+(11.69+2.2\tan30°)^2+3.5^2}=\sqrt{684.22}=26.16\ (\text{m})$$

设连接金具、拉线棒等长度为3.20m，钢绞线回头长度每端0.35m，则钢绞线的下料长度为

$$L_G = 26.16 - 3.20 + 0.35 \times 2 = 23.66 \text{（m）}$$

拉线与基础铁件连接一般在基础上面，若这样钢绞线的下料长度还要减去连接点至坑底的斜长。

**二、X形拉线坑位测量和拉线长度计算**

1. X形拉线坑位测量

图8-18是X形拉线的正面图和平面布置图。图8-18（a）中$h$为拉线悬挂点至地面的垂直高度，$\varphi$为拉线与杆轴线垂线间的夹角，$a$为拉线悬挂点与杆轴交点至杆中心的水平距离，$H$为拉线坑深度；图8-18（b）中$\beta$角是拉线与横担轴线在水平方向的夹角，$O_1$、$O_2$两点为拉线与横担轴线的交点，$D$为拉线坑中心与$O_1$、$O_2$间的水平距离，$O$点是拉线杆位中心桩标记。

由图8-18（b）可以看出，X形拉线布置在横担的两侧，且每一侧各有两个拉线坑，呈对称分布，每根拉线与横担的夹角均为$\beta$。因此，其分坑测量在具体操作方法上，与V形拉线的分坑测量有所不同。

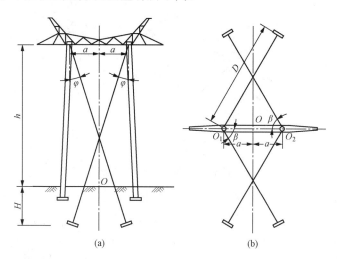

(a)　　　　　　　　　　　(b)

图8-18　直线杆X形拉线图

(a) 正面图；(b) 平面布置图

图8-19是平坦地形直线杆X形拉线中的一根拉线的纵剖视图。图中$D_0$是拉线悬挂点至$O_1$拉线与地面交点$N$（拉线出土或称马槽口）的水平距离，$\Delta D$是$N$点到拉线坑中心$M$点的水平距离，$D$是$O_1$点到拉线坑中心$M$点（即$D_0 + \Delta D$）的水平距离，$M$点是拉线坑中心$P$在地面上的投影位置，$L$表示一根拉线的全长。

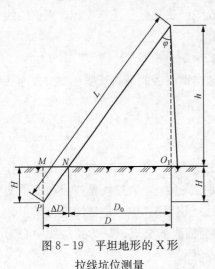

图 8-19　平坦地形的 X 形
拉线坑位测量

如图 8-19 所示，设 $O_1$、$N$ 和 $M$ 三点位于同在一水平线上，则由几何原理得出如下关系

$$D_0 = h\tan\varphi$$

$$\Delta D = H\tan\varphi$$

$$D = D_0 + \Delta D = (h + H)\tan\varphi$$

如图 8-20 所示，设图中的 4 个拉线坑中心地面位置都与杆位中心桩处地面等高。拉线基础坑分坑测量方法如下。

（1）方法一。

1）将仪器安置于图 8-20 所示的杆位中心桩 $O$ 点上，用望远镜瞄准顺线路方向直线桩，然后水平转动望远镜 90° 使视线处于横线路方向。采用正、倒镜在视线方向上用钢尺量取 $OO_1 = OO_2 = a$，确定 $O_1$、$O_2$ 两点的地面位置，并且钉桩作标志。

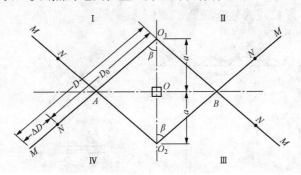

图 8-20　X 型拉线垂直投影图

2）将仪器移至 $O_1$ 点安置，使望远镜瞄准横线路方向辅助桩，同时将水平度盘读数置零。然后使望远镜顺时针水平转动 $\beta$ 角度，在视线方向上用尺量取按式 $D_0 = h\tan\varphi$ 和式 $\Delta D = H\tan\varphi$ 计算的距离值，由此得 $N$ 点和 $M$ 点。其后按前述 V 形拉线坑的放样方法进行测量，即可完成如图 8-20 中的Ⅳ号拉线坑的测量。再使望远镜逆时针水平方向旋转 $2\beta$ 角度，按同样方法可完成Ⅲ号拉线的分坑测量。

3）再将仪器移至 $O_2$ 桩上安置，按操作步骤 2），即可完成图 8-20 中的Ⅰ、Ⅱ号拉线坑位的测量。

（2）方法二。

1）如图 8-20 所示，在塔位中心桩 $O$ 点安置仪器，经纬仪前视相邻杆塔位中心桩，在此方向线上，以 $O$ 点为零点量取 $OA = OB = a\tan\beta$，确定 $A$、$B$ 位置，并且钉桩作为辅助桩。

2) 同方法一确定 $O_1$、$O_2$ 两点的地面位置。

3) 以 $O_1$ 为零点，在 $O_1A$ 方向上用尺量取 $D_0$、$D_0+\Delta D$ 分别得 $N$、$M$ 点。然后按方法一完成各拉线坑位的测量。

应注意：为防止 X 形两根拉线在交叉处相互摩擦，而使钢绞线磨损，仪器在 $O_1$ 或 $O_2$ 其中一个桩位测量拉线坑位时，一般将 $\varphi$ 角值增大或缩小 1°左右，使Ⅲ、Ⅳ或Ⅰ、Ⅱ拉线坑位的 $N$ 点到 $O_1$ 或 $O_2$ 点的水平距离 $D_0$ 加长或缩短一段小距离，一般取 0.3m 左右即可。

当 X 形拉线坑位的 $N$（或 $M$）点地面与杆位中心桩地面存在正、负高差时，其拉线测量方法与 V 形拉线坑有地形高差情况时的测量方法相同。

2．X 形拉线长度计算

拉线长度的计算也按如下三种情况而确定。

（1）在平地 $N$ 点与 $O_1$ 点同在一水平面上，如图 8-19 所示，设 $h=20.75$m，$H=2.2$m，$\varphi=30°$，则拉线全长为

$$L=\frac{h+H}{\cos\varphi}=\frac{20.75+2.2}{\cos30°}=26.50（\text{m}）$$

（2）在坡地 $N$ 点高于 $O_1$ 点时，如图 8-21 所示，设高差 $\Delta h=1.5$m，则拉线全长为

$$L=\frac{h-\Delta h+H}{\cos\varphi}=\frac{20.75-1.5+2.2}{\cos30°}=24.77（\text{m}）$$

（3）在坡地 $N$（或 $M$）点低于 $O_1$ 点时，如图 8-22 所示，设高差 $\Delta h_1=1.5$m，则拉线全长为

$$L=\frac{h+\Delta h_1+H}{\cos\varphi}=\frac{20.75+1.5+2.2}{\cos30°}=28.23（\text{m}）$$

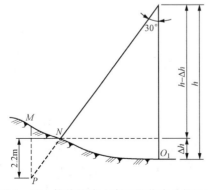

图 8-21 拉线坑中心高于杆位中心桩地面

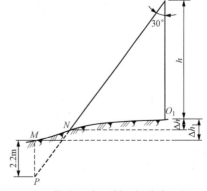

图 8-22 拉线坑中心低于杆位中心桩地面

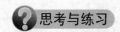 思考与练习

V形拉线长度如何计算？

# 课题四 施工基准面的测定

**学习目标**

掌握施工基准面的测定方法。

**知识点**

1. 降低施工基准面的测量。

2. 降低施工基准面的拉线坑测量。

**技能点**

降低施工基准面的测量方法。

**学习内容**

前面已介绍如何确定基础坑位以及坑口尺寸，当坑位确定之后，下道工序便开始基坑土方开挖。然而，每个基坑从坑口地面挖多深及如何掌握基坑的开挖深度？大地表面一般都是起伏不平的，各个坑也处于高低不平的位置上。每个坑还有四个桩，对于坑口较大的基础每个桩位的高低也不同，那么设计坑深应该从哪一点的哪个面开始计算呢？下面就来讨论这些问题。

在设计图纸的杆塔明细表的施工基面一栏中，若没有注明基面升降值的，均以杆塔中心桩位地面作为杆塔基础坑深的起始基准计算面，这个面就是施工基准面，简称施工基面。一般来说，同塔各基坑地面之间并不是水平的，它们之间存在高差。为了确定每个基坑从地表面起应挖的实际深度，就必须测出各基坑地面的高差值。为了控制和检查基坑开挖的深度，就必须在坑口位置测定一个基准。当各个基础坑都在一个较平坦的地面上时，用哪个桩都可以；如果各坑位高差较大，坑口又较宽，每个坑的 4 个桩位也高低不平，一般选择较低的坑位桩作为基准。这样，才能检验出坑深是否符合设计要求。

当铁塔基础处于起伏较大的地面时，它的 4 个基坑地面上的高差较大，处于坡下侧或低洼处的基坑需开挖深度比设计深度小（即深度不够），致使部分基础本体露出地面，造成基础的稳定性差。所以，为了保证每个基础的上部周围必须有足够的覆盖土壤体积，而使基础满足稳定。因此，设计者在杆塔定位测量时，根据基础的受力情况，以及不同的土壤形态，测定了杆塔的施工基准面。即从这个基准面起

算杆塔的高度和基础坑深。

杆塔桩基面与施工基准面之间的高差 $K$ 称为基础施工基面值。杆塔桩地面垂直降低一段 $K$ 值距离称为降低施工基面，如图 8-23 所示；若杆塔桩地面垂直上升一段 $K_1$ 值距离，称为升高施工基面，如图 8-24 所示。

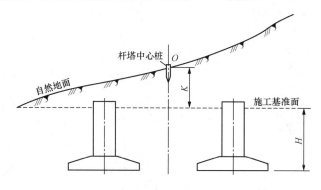

图 8-23　基础施工基准面

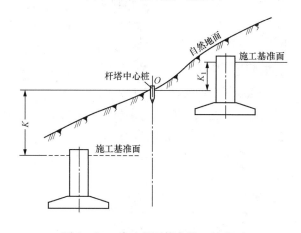

图 8-24　基础的不等高施工基准面

塔位处于大坡度的地面，为了减少土石方开挖量，设计时往往采用不等高塔腿的铁塔（也称高低腿），因此，这类铁塔基础一般有高低两个施工基面，也有多个施工基面的，如 500kV 线路中的铁塔，由于铁塔根开大，在位于山地陡坡时，因土石方开挖困难，往往采用 2 个以上施工基面，如图 8-24 所示，自塔位中心桩 $O$ 点地面起，在 $O$ 点之上短腿基础施工基面的值 $K_1$ 为正，在 $O$ 点之下长腿基础施工基面的值 $K$ 为负。

**一、降低施工基准面的测量**

当设计施工基准面较大时，开挖土石量也相当大，为了施工操作方便，应先进行铲平施工基准面，然后再进行分坑测量。而这样会使原钉立的塔位中心桩被挖掉，因此，必须先在塔位中心桩四侧钉出辅助桩，并测出与塔位中心桩之间的距离，与施工基准面的高差，且作好铲平施工基准面的移桩记录，以便在铲完施工基准面后能够准确恢复塔位桩的位置，测出新的施工基面。这项测量工作称为降低施工基面测量，其具体施测方法及步骤如下：

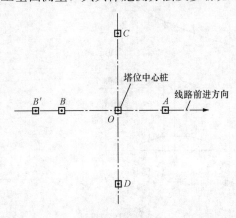

图 8-25 降低施工基准面辅助桩的测钉

（1）如图 8-25 所示，将仪器安置于塔位中心桩 $O$ 点上，首先根据前后方向桩或杆塔桩检查该桩位置的准确性，然后用望远镜前视或后视线路的直线桩（杆塔桩），用正、倒镜在前后视线方向上钉立 $A$、$B$ 辅助桩；再将望远镜水平旋转 $90°$，在线路垂直方向的正、倒镜视线上钉立 $C$ 和 $D$ 辅助桩。如因地形、地物等障碍物不能在四侧钉立辅助桩，可在同侧钉立两个桩。各辅助桩应钉立距塔位中心桩适当位置，以防土石方开挖时被埋没或碰动。各辅助桩至塔位中心桩的距离要用钢尺丈量或使用测量仪器测距，并做好记录。

（2）测量辅助桩与施工基准面之间的高差，如图 8-26 所示。量取仪高 $i$，旋平望远镜，指挥司尺员将尺子逐点立在各辅助桩上，读取尺上读数 $R$、$R_1$，则 $A$、$B$ 辅助桩与施工基准面的高差 $N$、$N_1$ 分别为

$$N = i + K - R \tag{8-22}$$
$$N_1 = i + K - R_1 \tag{8-23}$$

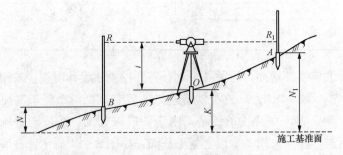

图 8-26 辅助桩与施工基准面高差的测量

（3）当新的施工基准面铲除施工完毕后，即恢复塔位中心桩的原位置，将仪器安置在图 8-25 中的辅助桩 $A$ 点上，使望远镜瞄准辅助桩 $B$ 点，沿视线方向按 $A$ 桩与塔位中心桩 $O$ 点的水平距离钉立新塔位桩，并在桩端顶面划一条与视线重合

的直线。然后将仪器移至辅助桩 $C$ 点安置，瞄准辅助桩 $D$ 点，在望远镜视线与新塔位桩顶面的直线相交点，钉立小铁钉，该点即为降低基准面后的塔位中心桩 $O$ 点。

（4）当塔位中心桩恢复之后，即可按前述铁塔基础的分坑方法，进行分坑测量。基础的埋深自恢复后（新）的塔位中心桩地面起始计算。

**二、降低施工基准面的拉线坑测量**

杆塔处需降低施工基准面时，往往在施工基准面尚未铲除时就测定拉线坑。实际施工过程中对于一些较小的施工基面，并不是将它铲除后再进行基础施工，有时甚至不需要铲除，遇到这种情况，将如何正确测量拉线坑基础呢？下面就 V 形和 X 形拉线为例，分述其施测方法。

1. 有降基面的 V 形拉线坑测量

（1）当 $N$ 高于 $O$ 时。如图 8-27 所示，$N$ 地面高于杆位桩 $O$ 点地面，其高差为 $\Delta h$，施工基面值为 $K$，$\varphi$ 为拉线与杆轴线垂线间的夹角。此时相当于拉线的悬挂高度 $h$ 降低了一个降基面 $K$ 值。由图 8-27 的几何关系可知，当仪器安置于 $O$ 点，测量拉线坑的水平距离值为

$$D_0 = (h - K - \Delta h)\tan\varphi \qquad (8-24)$$
$$D = (h - K - \Delta h + H)\tan\varphi \qquad (8-25)$$

式中　$H$——拉线坑深度。

拉线全长为

$$L = \sqrt{(h - K - \Delta h + H)^2 + D^2 + a^2} \qquad (8-26)$$

式中　$a$——拉线悬挂点至杆轴交点间的距离。

当 $N$ 或 $M$ 点位置确定之后，拉线坑口的放样的测量方法与上节介绍的方法相同。

（2）当 $N$ 点低于 $O$ 点时。如图 8-28 所示，$M$ 点及 $N$ 点均低于杆位桩 $O$ 点地面，其高差分别为 $-\Delta h_1$ 和 $-\Delta h$，图 8-28 中 $K$、$\varphi$、$h$ 以及 $a$ 含义与图 8-27 的注解相同。将仪器安置于 $O$ 点位置测量拉线坑位时，由图 8-28 的几何关系可知，拉线坑的水平距离值为

$$D = (h - K + \Delta h_1 + H)\tan\varphi \qquad (8-27)$$

当测量山坡下侧的拉线坑位时，即 $M$ 点低于 $N$ 点地面，为了拉线坑深符合设计要求，一般先确定 $M$ 点的地面位置。$M$ 点位置确定之后，即可按前述方法进行分坑放样测量。

拉线的全长按下式计算

$$L = \sqrt{(h - K + \Delta h_1 + H)^2 + D^2 + a^2} \qquad (8-28)$$

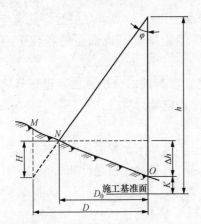

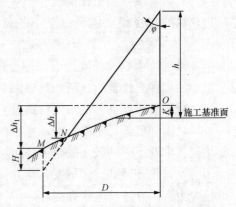

图 8-27　$N$ 点高于 $O$ 点地面，$O$ 点有降低　　　　图 8-28　$N$ 点低于 $O$ 点地面，$O$ 点有降低
　　　　基面的 V 形拉线坑位测量　　　　　　　　　　　　　基面的 V 形拉线坑位测量

2. 有降基面的 X 形拉线坑测量

如图 8-29 所示，当 X 形拉线的杆位桩处于基面有变化的地形时，拉线悬挂点在地面的投影为 $O_1$ 和 $O_2$ 两点，当杆塔位于坡度较陡的地方往往出现图中所示的情况，即 $O_1$ 和 $O_2$ 两点到施工基准面的垂直距离不一定相等，同时又有设计降基面 $K$ 值。因此，在这种情况下需先分别测量出 $O_1$ 和 $O_2$ 两点与杆塔施工基准面之间的高差值 $K_1$ 和 $K_2$。其施测方法是：如图 8-29 所示将仪器安置于 $O$ 点上，量取仪器高 $i$，旋平望远镜，分别读取 $O_1$ 和 $O_2$ 尺上的读数 $R_1$ 和 $R_2$，则 $O_1$ 和 $O_2$ 两点到杆位施工基准面的高差分别为

$$K_1 = i + k - R_1 \qquad\qquad (8-29)$$

$$K_2 = i + k - R_2 \qquad\qquad (8-30)$$

测出 $K_1$ 和 $K_2$ 后，将仪器先后安置于 $O_1$ 和 $O_2$ 点上测设 $N$（或 $M$）点，其施测方法与测有降基面 V 形拉线坑时测 $N$ 点的测法相同，将 $K_1$ 和 $K_2$ 值分别当作 $O_1$ 和 $O_2$ 点桩位的施工基面值，测量出拉线坑位的 $N$（或 $M$）点地面位置，分别如图 8-30 和图 8-31 所示。

(1) 当 $N$ 点高于 $O_1$ 点时，如图 8-30 所示，则

$$D = (h - \Delta h - K_1 + H)\tan\varphi \qquad\qquad (8-31)$$

(2) 如图 8-31 所示，当 $M$ 点低于 $O_2$ 点时，则

$$D = (h + \Delta h_1 - K_2 + H)\tan\varphi \qquad\qquad (8-32)$$

(3) 拉线全长 $L$ 为

$$L = \frac{h \pm \Delta h - K + H}{\cos\varphi} \qquad\qquad (8-33)$$

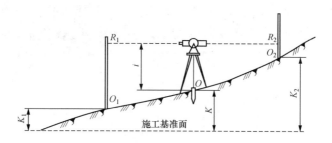

图 8-29 X 形拉线的 $O_1$ 和 $O_2$ 点施工基准面测量

上式中各字符的含义与前述公式相同。

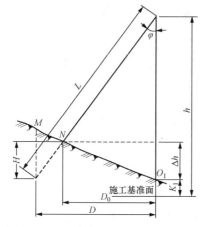

图 8-30 N 点高于 O 点地面，O 点有
降低基面的 X 形拉线坑位测量

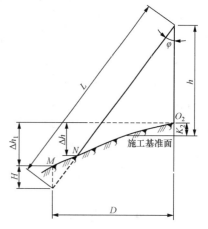

图 8-31 N 点低于 O 点地面，O 点有
降低基面的 X 形拉线坑位测量

**思考与练习**

**问答题**

1. 什么叫施工基面？

2. 简述降低施工基面的测量步骤？

# 杆塔基础的操平找正及杆塔检查

基础坑土石方开挖完毕后，必须对基础坑的质量进行检查，检查的目的是确定杆塔基础能否满足设计及施工规范要求。在基础施工过程中必须对基础进行操平和找正，检查是否按不同地质条件规定开挖边坡，这是一项较为复杂而又细致的工作，是质量控制的关键点。

杆塔组立的质量是整个线路工程质量的体现，它关系到杆塔结构的受力，会对杆塔安全运行和使用寿命产生影响。因此，对杆塔组立质量及其本体结构的检查也是一项重要的工作。

本单元就一些典型基础坑的位置和几何尺寸、基础的操平和找正以及杆塔组立检查作概要介绍。

## 课题一　基础操平找正

**学习目标**

掌握基坑操平找正的方法。

**知识点**

1. 基坑操平。

2. 基础找正。

**技能点**

基坑操平找正的方法。

**学习内容**

**一、基坑操平**

杆塔基础坑挖完后应进行坑底标高的测量，以检查坑深是否符合设计要求，这项工作叫做基坑的操平。

1. 单杆基坑操平

如图 9-1 所示，单杆基坑的操平方法，$A$ 为施工分坑时的辅助桩，从设计的平、断面图上可以知道 $A$ 点的标高，假定为 $H_A$，这时可在辅助桩 $A$ 点安置测量仪器 1，在坑内竖立塔尺 2，若测量仪器视线水平时中丝读数为 $H$，仪器高为 $i$，则坑底标高 $H_0$ 为

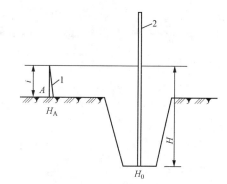

图 9-1　单杆基坑操平示意图

$A$—辅助桩；$H_A$—假定 $A$ 点标高；$H_0$—坑底标高；
$H$—仪器的读数；$i$—仪器高度
1　测量仪器；2—塔尺

$$H_0 = H_A - (H - i) \quad (9-1)$$

如 $H_0$ 值与设计标高一致，说明基坑深度符合要求，否则按允许误差进行处理（坑深允许偏差 +100mm～-50mm）。竖立塔尺时，应沿坑底四角分别竖立，以便测量坑底是否水平。

2. 双杆基坑操平

如图 9-2 所示，双杆基坑的操平方法基本与单杆的相同，操平时将测量仪器安置在杆塔中心桩 $A$ 处，设仪器高为 $i$，然后分别将塔尺竖立在各杆塔四角，得出读数为 $H$。将 $H$ 值代入式（9-1）计算出各基坑内各点的标高，如果各标高超过允许误差，应按规定进行修整，使其符合设计标准要求为止。

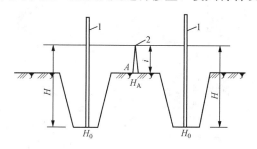

图 9-2　双杆基坑操平示意图

1—塔尺；2—经纬仪

3. 铁塔基坑的操平

直线铁塔基坑操平方法与双杆基坑操平方法基本一致。应注意的是，基础坑深操平时，不能每个基坑内只立一次塔尺测一个点，应该是在每个基坑测量四角的值，每基四个基坑都要测量，其目的是使四个基坑的底面都处在一个水平面上。较大转角铁塔内角两个基础与外角两个基础大小不一样，坑深有所区别，实际测量应以基础施工图为依据。

二、基础找正

杆塔基坑操平完毕后还应该进行找正。找正是使基础中心、铁塔地脚螺栓等的位置符合设计要求。

杆塔基础的类型，按照基础与杆塔连接形式可分为有地脚螺栓、无地脚螺栓和

插入式基础；从基础的制作方法可分为现场浇制基础和预制基础；从结构上可分为有台阶式素混凝土刚性基础、钢筋混凝土板式基础、桩基础、金属基础等。下面介绍等高塔腿基础中的一些常见基础的操平找正的测量方法，简单介绍不等高塔腿基础的操平找正方法。

（一）等高塔腿基础的操平找正

1. 双杆基坑找正

双杆基坑找正方法，如图 9-3 所示。利用分坑时所钉的辅助桩 $A$、$B$，在 $A$、$B$ 之间拉一条线绳；然后从杆位桩 $O$ 分别向左右量出距离为 $D/2$（$D$ 为双杆之根开）得 $E$、$F$ 两点，在 $E$、$F$ 两点分别悬挂垂球，垂球尖端所指即为坑位底部中心，以底部中心向四边量出坑边长的 $1/2$，如不符合设计要求，应对基坑进行修理，直至符合设计要求为止。

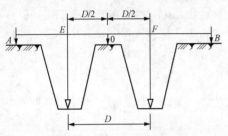

图 9-3　双杆基坑找正示意图

2. 有地脚螺栓铁塔基础坑的找正

有地脚螺栓的基础有现浇（现场浇制）基础和预制基础两种形式。现浇基础是按照基础设计施工图的各部尺寸，先准备所需的模板，而后采用精确测量方法把模板合组装在基础坑下，再按设计要求把扎制的钢筋笼和地脚螺栓放入模板中的正确位置，然后浇灌搅拌均匀的混凝土，同时捣固。待混凝土达到一定强度后拆除模板，在坑内分层填土夯实。预制基础是预制厂按照设计基础施工图的各部尺寸和要求，将基础的立柱和底板分别浇制好，再运到现场进行组装。下面将介绍工程中常用的现浇基础的找正方法。

（1）正方形塔有地脚螺栓现浇基础找正。基础的各项设计参数如图 9-4所示。然后根据式（9-2）～式（9-6）计算出施工所需的数据。

塔位中心 $O$ 点至基础底座对角之间的水平距离 $l_1$ 为

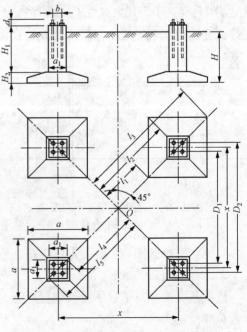

图 9-4　有地脚螺栓现浇基础各部尺寸

$$l_1 = \frac{\frac{1}{2}(x-a)}{\sin 45°} = \frac{\sqrt{2}}{2}(x-a) \tag{9-2}$$

式中　$a$——基础底座宽度。

塔位中心 $O$ 点至基础中心之间的水平距离 $l_2$ 为

$$l_2 = \frac{\frac{x}{2}}{\sin 45°} = \frac{\sqrt{2}}{2}x \tag{9-3}$$

塔位中心 $O$ 点至基础底座对角之间的水平距离 $l_3$ 为

$$l_3 = \frac{\frac{1}{2}(x+a)}{\sin 45°} = \frac{\sqrt{2}}{2}(x+a) \tag{9-4}$$

塔位中心 $O$ 点至基础方柱对角之间的水平距离 $l_4$ 为

$$l_4 = \frac{\frac{1}{2}(x-a_1)}{\sin 45°} = \frac{\sqrt{2}}{2}(x-a_1) \tag{9-5}$$

式中　$a_1$——基础立柱宽度。

塔位中心 $O$ 点至基础立柱对角之间的水平

$$l_5 = \frac{\frac{1}{2}(x+a_1)}{\sin 45°} = \frac{\sqrt{2}}{2}(x+a_1) \tag{9-6}$$

根据式（9-2）～式（9-6）的计算数据找正基础，其施测操作步骤如下：

1）如图 9-5 所示，将仪器安置在塔位中心桩 $O$ 点上，前视或后视线路中心桩，将水平度盘读数置零，然后转 45°，在正、倒镜的视线方向的基础中心对角线上钉立 $A'$ 和 $B'$ 控制桩；使望远镜水平旋转 90°，依同法钉立 $C'$ 和 $D'$ 控制桩，使四个控制桩顶面与塔位中心桩顶面等高，并在桩顶上钉一小铁钉为中心标记，使其与塔位中心桩的小铁钉之间拉一细扎线或弦线，并拉紧拉平。自 $O$ 点起用钢尺在弦线上精确量取 $l_1$ 和 $l_3$ 的长度，并在这两点的位置上作出标记。

2）当基础底座模板在基坑内按设计尺寸组合后，即可进行底座模板的操平找正，如图 9-6 所示，分别在 $l_1$ 和 $l_3$ 标记处悬挂垂球，待垂球静止时，移动模板对角顶点与垂球重合，同时使模板邻边互相垂直，此时模板合已处于正确位置了，用钢管或其他器材将模板合与坑壁之间相对固定。然后对底座模板操平。

3）坑底模板操平找正、底板钢筋帮扎且主筋固定后，根据计算的 $l_4$ 和 $l_5$ 的距离，将立柱模板按底层的支模方法找正并进行固定。依同样的方法，操平找正各腿模板，并将其与坑壁支撑牢固。

4）地脚螺栓操平找正。施工时通常采用小样板来操平找正地脚螺栓。小样板

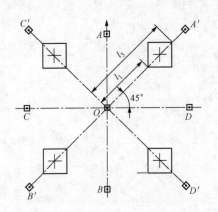

图9-5　基础施工控制桩的测量

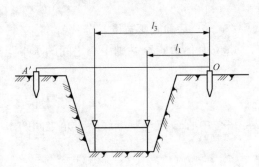

图9-6　底座模板的操平找正

的形状和结构如图9-7所示，小样板是由1块比立柱模板上口对角线稍长一点的槽钢或钢板焊接制成，宽度约为10cm（视地脚螺栓而定），其厚度一般为3~4cm（钢板厚度应为7~10mm）。在样板上按地脚螺栓直径和对角尺寸钻孔，对角孔间距离按地脚螺栓间距$\sqrt{2}b$确定。然后将小样板放置于立柱模板顶面，地脚螺栓的上端穿过小样板的孔洞，使螺栓上端与基础顶面的距离符合设计$d$值要求，拧上螺帽。

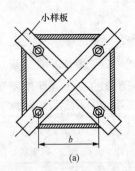
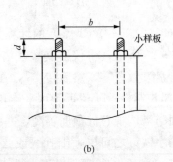

(a)　　　　　　　　　　　(b)

图9-7　小样板

（a）小样板形状；（b）小样板结构

　　找正地脚螺栓时，如图9-8所示，将仪器安置于塔位中心桩$O$点上，使望远镜瞄准基础对角线控制桩（如$A'$桩），然后轻轻移动小样板，以钢尺精确地丈量塔位中心桩$O$点至小样板上两直线交点（基础中心）间的距离$l_2$的值，使$l_2 = \sqrt{2}x/2$的长度。同时还使小样板上的两地脚螺栓中心的连线和中点相交线与望远镜中的十字丝相重合，此时基础的操平找正施测工作完成。

　　5）其他几个基础也按上述方法进行操平找正，然后对整基塔的基础进行全面检查。首先检查基础根开的值、两基础地脚螺栓之间的距离 $D_1$ 和 $D_2$ 的值是否符合设计数据，它们中点是否在顺线路或横线路方向上，即是否与望远镜的竖丝重合，以及地脚螺栓距模板内边缘的距离 $C$ 是否符合设计要求。如有不符合，应复查找出原因，调整小样板，直至各部尺寸符合设计数据要求，然后把小模板与立柱模板固定在一起，以防混凝土浇铸过程中地脚螺栓出现偏心现象。

当对各部尺寸全面检查之后，如均符合要求或误差不超过允许值时，开始浇灌混凝土。在浇灌和捣固混凝土的过程中，应注意不要使模板变形，并随时检查各部尺寸，若发现误差应及时校正。

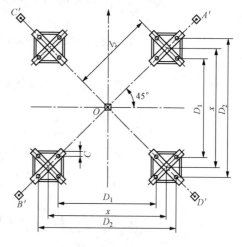

图 9-8 地脚螺栓的找正

该工作是测量、支模及混凝土浇捣多工种交叉作业，各工种间应密切配合，确保工程施工质量。

（2）矩形塔有地脚螺栓现浇基础找正。已知基础的各项设计参数如图 9-9 所示，由式（9-7）～式（9-9）计算出施工所需的数据。

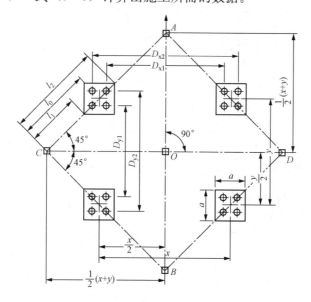

图 9-9 操平找正矩形铁塔基础图

基础中心至辅助桩 C 之间的水平距离 $l_0$ 为　　　$l_0 = \frac{\sqrt{2}}{2} y$　　　　(9-7)

辅助桩 C 至基础底座对角之间的水平距离 $l_1$ 为　　$l_1 = \frac{\sqrt{2}}{2} (y-a)$　　(9-8)

辅助桩 C 至基础底座对角之间的水平距离 $l_2$ 为　　$l_2 = \frac{\sqrt{2}}{2} (y+a)$　　(9-9)

式中　　$a$——基础底座宽度；

　　　　$y$——顺线路方向基础跟开。

在塔位中心桩 $O$ 点设置仪器，前视相邻杆塔位中心桩，在此方向线上，以 $O$ 点为零点量取 $OA = \frac{1}{2}(x+y)$ 得 $A$ 辅助桩；倒转镜头，在 $AO$ 的延长线上量取 $OB = \frac{1}{2}(x+y)$ 得 $B$ 辅助桩。然后，仪器水平转 $90°$，在此方向上以 $O$ 点为零点，量取 $OD = \frac{1}{2}(x+y)$，倒转镜头，在 $DO$ 延长线上量取 $OC = \frac{1}{2}(x+y)$，即得 $C$、$D$ 两辅助桩。$A$、$B$（或 $C$、$D$）控制桩确定后，采用本课题所述的正方形塔有地脚螺栓现浇基础找正的方法，进行观测作业。

$A$、$B$、$C$、$D$ 是基础施工的控制桩，因此，在施工中一定要保证控制桩的准确性。

当 $x=y$ 时，矩形铁塔基础就变成了正方形铁塔基础，正方形铁塔基础只是矩形铁塔基础的一种特殊形式。一般情况下（地形较好时），正方形铁塔基础的找正方法也最好采用矩形铁塔基础找正的（如图 9-9 所示）方法，因为该种方法分坑时 4 个辅助桩是闭合的，校对 4 个辅助桩的相互距离无误后，可保证基础坑的位置及找正各层模板及地脚螺栓位置的准确性。

**三、不等高塔腿基础的操平找正**

不等高塔腿有采用地脚螺栓的现浇基础和预制基础，也有塔脚插入式基础，它们的操平找正方法基本相同。本节仍以不等高塔腿插入式基础为例，介绍其操平找正方法。

不等高塔腿基础有其自身的特点：两对基础之间存在着一段高差，基础的大小也不相等，正面根开与侧面根开不等距。如图 9-10 所示，塔腿根开有 4 个数据所确定，分别为长腿根开 $x$，短腿根开 $y$ 以及 $x/2$、$y/2$。如果根据这些数据施测丈量根开时，必然要经多次变换数据，使操作不方便，而且容易在操作中产生误差。由图 9-10 中的数据可知，它的 2 个半根开与两侧面的半根开相等，如采用根开及半根开数据，作为操平找正基础的依据，就可化繁为简。

图 9-11 是不等高塔第一段塔体结构图，从图中可以看出，尽管塔腿长短不等，但其坡度比是相同的。铁塔的第一段上端水平材的螺栓互为对称并在同一水平

面上。因此，可以沿短腿外侧背棱自印记起至第一段水平材螺孔中心的一段长度 $H$，再从两长腿第一段水平材螺孔中心沿角钢外侧背棱向下各量取与 $H$ 等长距离，作一标记。则在这个标记处的四侧塔腿根开值一定相等，且等于短腿根开 $y$。这样，根据短腿根开 $y$ 用等高塔腿的施测方法进行不等高塔腿的操平找正测量。

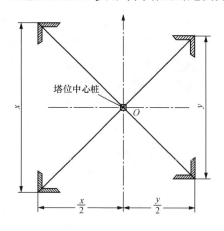
图 9 - 10　不等高塔腿插入式根开

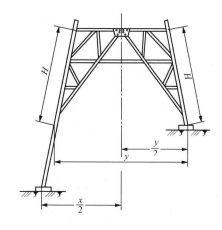
图 9 - 11　不等高塔第一段塔体结构

**思考与练习**

**一、名词解释**

1. 基坑操平。

2. 基础找正。

**二、问答题**

1. 单杆基坑如何进行操平？

2. 如何进行双杆基础找正？

3. 如何进行矩形塔有地脚螺栓现浇基础找正？

# 课题二　基　础　检　查

**学习目标**

会进行基础检查。

**知识点**

1. 整基基础偏移的检查。

2. 整基基础扭转的检查。

**技能点**

基础偏移和基础扭转的检查方法。

**学习内容**

基础浇注完毕经过凝固期后拆模，这时须对基础的本体和整基基础的浇注质量、各部尺寸，以及整基基础中心与塔位中心桩、线路中心线的相对位置，进行一次全面检查。检查无误后方可回填夯实。其质量标准应满足现行国家标准 GB 50233—2005《110～500kV 架空送电线路施工及验收规范》的要求，表 9－1 为整基铁塔基础允许误差表。在检查项目中，有整基基础偏移和扭转两个项目，下面分别介绍这两项的检查方法。

表 9－1 整基铁塔基础允许误差表

| 项 目 | | 地脚螺栓式 | | 主角钢插入式 | | 高塔基础 |
|---|---|---|---|---|---|---|
| | | 直线 | 转角 | 直线 | 转角 | |
| 整基基础中心与中心桩间的位移（mm） | 横线路方向 | 30 | 30 | 30 | 30 | 30 |
| | 顺线路方向 | | 30 | | 30 | |
| 基础根开及对角线尺寸 | | ±2‰ | | ±1‰ | | ±0.7‰ |
| 基础顶面或主角钢操平印记间相对高差（mm） | | 5 | | 5 | | 5 |
| 整基基础扭转（′） | | 10 | | 10 | | 5 |

注 1. 转角塔基础的横线路方向是指内角平分线方向，顺线路方向是指转角平分线方向。

2. 基础根开及对角线是指同组地脚螺栓中心之间或塔腿主角钢准线间的水平距离。

3. 相对高差是指抹面后的相对高差。转角塔及终端塔有预偏时，基础顶面相对高差不受 5mm 的限制。

4. 高低腿基础顶面标高差是指与设计标高之比。

5. 高塔是指按大跨越设计，塔高在 100m 以上的铁塔。

**一、整基基础偏移的检查**

如果铁塔准确地组立在线路中心线指定的位置上，那么，整基基础中心与塔位中心正好相重合。如不重合，则出现整基基础中心偏移顺线路方向或横线路方向。

直线铁塔基础的偏移检查如图 9－12 所示，按照确定同组地脚螺栓中心的方法，首先找出每个主柱上同组地脚螺栓的中心 $O_1$、$O_2$、$O_3$、$O_4$，以细线连接 $O_1$ 及 $O_3$，再连接 $O_2$ 及 $O_4$，两对角线的交点处吊一垂球在地面处定出 $O'$ 点，$O'$ 点即为整基基础的实测中心。塔位中心桩为 $O$，$A$、$B$ 为顺线路方向辅助桩，$C$、$D$ 为横线路方向辅助桩，用细线连接 $BO$，用钢尺测量 $O'$ 至 $BO$ 连线的垂直距离 $O'B'$，该距离即为整基基础与中心桩间的横线路方向位移。

同理，用细线连接 $C$、$O$，用钢尺测量点 $O'$ 至 $CO$ 连线的垂直距离 $O'C'$，该距离为整基基础与中心桩间的顺路线方向位移。

转角铁塔基础的位移检查，方法同直线塔基础。

## 二、整基基础扭转的检查

整基基础在正常情况下，通过线路中心桩的顺线路方向和横线路方向，应分别与基础的纵向和横向根开的中点相重合，如不重合，则说明整基基础存在扭转现象。

图 9-13 是整基基础扭转检查的示意图，图中 $a$、$b$、$c$ 和 $d$ 分别是实测基础根开的中心。

检查时，将仪器安置在塔位中心桩 $O$ 点上，使望远镜瞄准前视方向线路塔位桩或直线桩（检查转角塔基时，应瞄准线路转角平分线），并将水平度盘读数调整到 0° 位置（置零），观测此时

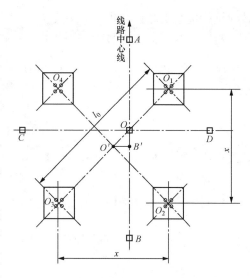

图 9-12　直线铁塔整基基础偏移的检查

望远镜视线方向竖丝是否与两侧的基础根开中心 $a$ 点重合，如不重合，则松开照准部的制动螺旋使望远镜瞄准 $a$ 点，测出 $\beta_1$ 扭转角。然后用同样方法测得三个方向的水平角 $\beta_2$、$\beta_3$、$\beta_4$ 角。整基扭转角计算式为

$$\beta = \frac{1}{4}(\beta_1 + \beta_2 + \beta_3 + \beta_4) \tag{9-10}$$

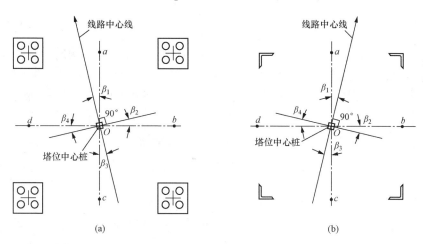

(a)　　　　　　　　　　　　　(b)

图 9-13　整基基础扭转检查

（a）正方形地脚螺栓基础；（b）塔脚插入式基础

【例 9-1】　如图 9-13（a）所示，设 $\beta_1 = 1'$，$\beta_2 = 1'10''$，$\beta_3 = 1'20''$，$\beta_4 = 1'10''$，

试计算整基基础的扭转角 $\beta$ 为多少？

**解：** 由图示可知，各扭转角均在望远镜视线的两侧，则将已知代入公式，得

顺线路扭转角
$$\beta = \frac{1}{4}(\beta_1 + \beta_2 + \beta_3 + \beta_4)$$
$$= \frac{1}{4}(1' + 1'10'' + 1'20'' + 1'10'')$$
$$= 1'10''$$

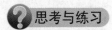 **思考与练习**

**问答题**

地脚螺栓式整基铁塔基础允许误差是多少？

# 课题三　杆　塔　检　查

**学习目标**

会进行杆塔检查。

**知识点**

1. 双杆检查。

2. 铁塔检查。

**技能点**

杆塔检查方法。

**学习内容**

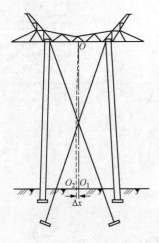

图 9-14　直线杆结构横
线路方向倾斜检查

为保证杆塔的组立及其本身结构的质量，要对其进行各项检查，本课题通过对直线双杆（π形杆）、自立铁塔的介绍，从而掌握杆塔检查内容、步骤和方法。

**一、双杆检查**

1. 杆结构根开检查

组立后的双杆根开，须用钢尺丈量双杆根部两杆轴线之间的距离，是否与设计根开数据相一致。

2. 杆结构倾斜检查

直线杆结构倾斜包括两种情况：一种杆结构在横线路方向倾斜，另一种杆结构在顺线路方向倾斜。杆结构在横线路方向倾斜的检查方法，如图 9-14 所示，将仪器安置在线路中心线的辅助桩上，望远镜视线瞄准横担的中点 $O$，然后将望远镜俯视直线杆根部根开

中点 $O_1$，如竖丝与 $O_1$ 重合，这表明杆结构在横线路方向上没有倾斜；如不重合，则表明有倾斜，视线偏于 $O_2$ 点，量出 $O_1$ 与 $O_2$ 间的水平距离 $\Delta x$，$\Delta x$ 即为杆结构在横线路方向上的倾斜值。

杆结构在顺线路方向倾斜的检查方法如图 9-15 所示，将仪器安置在横线路方向的辅助桩 $C$ 点上，望远镜视线瞄准平分横担处之杆身，然后使望远镜下旋俯视杆根，如视线平分杆根，则杆结构无顺线路方向倾斜；如视线不平分杆根，则说

图 9-15　直线杆结构顺线路方向倾斜检查

明有倾斜，视线偏于 $a$ 点，量取竖丝与杆根中线间的距离 $\Delta y$ 值。则 $\Delta y$ 值即为杆结构在顺线路方向的倾斜值。

则

$$整基杆结构倾斜率 = \frac{\sqrt{\Delta x^2 + \Delta y^2}}{H} \times 1000\text{‰} \qquad (9-11)$$

式中　$H$——直线杆的呼称高。

3. 杆结构扭转检查

杆结构扭转是指在线路中心线垂直面内的扭转，当双杆组立后，两杆的轴线连线应通过杆位中心桩，并垂直于线路中心线。如不垂直，必然有一杆在前，另一杆在后，这好比人走路一样，一脚在前一脚在后，所以俗称迈步。

如图 9-16 所示，将仪器安置在横线路方向辅助桩 $B_1$ 上，使望远镜瞄准 $B$ 辅助桩，然后使望远镜在竖直面旋转，观测杆根中心线是否与视线重合。如不重合，应量出望远镜竖丝与杆根中心线之间的距离 $D_1$；再将仪器移另一侧辅助桩 $C_1$ 上安置，望远镜瞄准 $C$ 辅助桩，依同法观测并量取距离 $D_2$。则杆结构在线路中心线垂直面内的扭转值 $D$ 为

$$D = |D_1 - D_2| \qquad (9-12)$$

当根开较大，它的半根开仪器能清晰观测时，可将仪器直接安置在杆位中心桩观测。

计算迈步率并与标准值相比较。对于 35~110kV 线路，当 $|D_1 - D_2| < 30\text{mm}$ 为合格。

对于 220~500kV 应计算迈步率，即

$$迈步率 = \frac{|D_1 - D_2|}{根开} \times 1000\text{‰} \qquad (9-13)$$

4. 杆结构中心与杆位中心桩间横线路方向位移检查

图 9-17 是双杆结构中心与杆位中心桩间横线路方向位移的检查方法示意图，

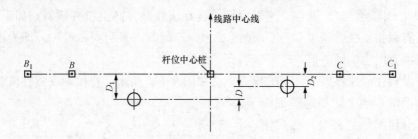

图 9-16　双杆结构在线路中心线垂直面内的扭转检查

将仪器安置在线路中心线辅助桩或直线桩上，使望远镜瞄准杆位中心桩 $O$ 点，如果望远镜竖丝不与双杆的实际根开的中点 $O_1$ 相重合，说明存在位移，应量出 $O$ 与 $O_1$ 间的水平距离 $\Delta x$。$\Delta x$ 即为双杆结构中心与杆位中心桩间横线路方向位移值。

转角杆结构中心与中心桩间横、顺线路方向位移的检查。中心桩为 $O$ 点，这里的中心桩是指转角杆设计规定位移后的中心桩，如果设计无位移时，则转角桩即转角杆的中心桩。

如图 9-17 所示，根据 $A$、$B$ 两杆的 1/2 根开找出结构中心 $O_1$，沿两杆连线上的 $O_1X_1$ 为横线路方向位移，沿两杆连线的垂直方向上的 $O_1Y_1$ 为顺线路方向位移。

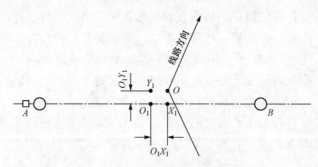

图 9-17　双杆结构中心与杆位中心桩间横线路方向位移检查

**二、铁塔检查**

一基铁塔是由许多型钢通过螺栓或焊接固定的结构形式所组成。只有保证每基铁塔的质量，才能达到经久耐用，保证安全运行的要求。因此，就必须对铁塔材质、加工制造和组立后本体结构进行严格的检查。以下仅介绍铁塔组立质量的检查项目和方法。

铁塔检查的主要项目有横担水平状况、横担扭转和塔体结构倾斜三项内容。

1. 横担水平状况检查

将仪器安置在铁塔正面，距铁塔适当距离的线路中心线或转角平分线上，使望远镜的十字丝交点对准横担一端的 $M$ 点；仰角不变，转动照准部，使望远镜的十字丝交点对准横担另一端 $N$ 点，如 $N$ 点与十字丝交点重合，则说明横担处于水平状态；如不重合，则应测出 $M$、$N$ 两点的相对高差 $\Delta h$，如图 9-18 所示。

2. 横担扭转检查

将仪器安置在铁塔侧面，横担方向辅助桩上，如图 9-19 所示。使望远镜的十字丝交点对准横担一端中点 $M$，如另一端中点 $N$ 与十字丝交点重合，说明横担不扭转；如不重合，应量出其偏离距离 $d$。横担扭转率为

$$d = \frac{\sqrt{\Delta h^2 + d^2}}{L} \times 1000\permil \qquad (9-14)$$

式中 $L$——横担长度。

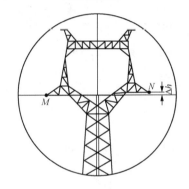

图 9-18 铁塔横担水平状态检查

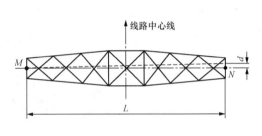

图 9-19 铁塔横担扭转检查

3. 塔体结构倾斜检查

（1）将仪器安置在线路中心线（转角塔安置在线路转角平分线），距铁塔60～70m 的位置上，使望远镜的十字丝交点瞄准塔顶横担中点 $a$，如图 9-20 所示。如铁塔正面无横线路方向倾斜，则铁塔平口处水平材中点 $b$ 和接腿处水平材中点 $c$ 都与望远镜竖丝重合。如不重合，则表明铁塔结构的正面在横线路方向有倾斜。应量出望远镜竖丝与 $c$ 点之间的距离 $\Delta x_1$，$\Delta x_1$ 即为铁塔结构正面在横线路方向的倾斜值，如图 9-21 所示。

（2）将仪器移至铁塔背面线路中心线适当位置上安置，依上述同样观测方法，测出铁塔结构背面在横线路方向的倾斜值 $\Delta x_2$，如图 9-21 所示。则铁塔本体结构在横线路方向的倾斜值为：

当 $\Delta x_1$ 与 $\Delta x_2$ 在横线路方向不同侧时

$$\Delta x = \frac{|\Delta x_1 - \Delta x_2|}{2} \qquad (9-15)$$

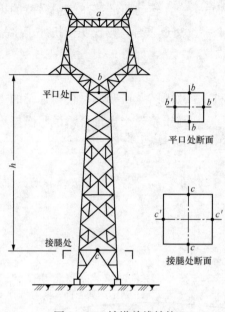

图 9-20　铁塔单线结构

当 $\Delta x_1$ 与 $\Delta x_2$ 在横线路方向同一侧时

$$\Delta x = \frac{|\Delta x_1 + \Delta x_2|}{2} \qquad (9-16)$$

（3）将仪器分别移至通过塔位中心桩的横线路方向上（转角塔在线路转角内角平分线方向上）的位置，使望远镜的十字丝交点瞄准横担轴线的任一点，下旋望远镜视线，如与铁塔接腿处水平材中点 $c'$ 重合，则表明铁塔结构在顺线路方向无倾斜；如不重合，应分别量取铁塔两侧的 $c'$ 点与竖丝间的距离 $\Delta y_1$ 和 $\Delta y_2$，如图 9-21 所示。则铁塔本体结构在顺线路方向的倾斜值为：

当 $\Delta y_1$ 和 $\Delta y_2$ 在顺线路方向不同侧时

$$\Delta y = \frac{|\Delta y_1 - \Delta y_2|}{2} \qquad (9-17)$$

当 $\Delta y_1$ 和 $\Delta y_2$ 在顺线路方向同一侧时

$$\Delta y = \frac{(\Delta y_1 + \Delta y_2)}{2} \qquad (9-18)$$

$$整基铁塔结构倾斜率 = \frac{\sqrt{\Delta x^2 + \Delta y^2}}{h} \times 1000‰ \qquad (9-19)$$

式中　$h$——铁塔横担中心至接腿中心的垂直距离。

【例 9-2】　设某 110kV 线路直线塔倾斜检查，如图 9-21 所示，实测数据为 $\Delta x_1 = 45$mm，$\Delta x_2 = 20$mm，$\Delta y_1 = 36$mm，$\Delta y_2 = 15$mm，横担至接腿的垂直距离 $h = 15$m，试计算整基铁塔结构倾斜值为多少？

解：由图示可知，各向倾斜均在顺、横线路的不同侧，则将已知数据分别代入式（9-15）、式

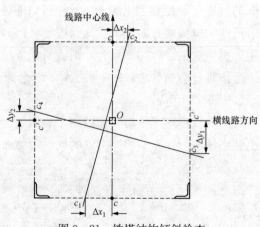

图 9-21　铁塔结构倾斜检查

(9-17) 得

$$\Delta x = \frac{|\Delta x_1 - \Delta x_2|}{2} = \frac{|45-20|}{2} = 12.5 \ (\text{mm})$$

$$\Delta y = \frac{|\Delta y_1 - \Delta y_2|}{2} = \frac{|36-15|}{2} = 10.5 \ (\text{mm})$$

$$\text{整基铁塔结构倾斜率} = \frac{\sqrt{\Delta x^2 + \Delta y^2}}{h} \times 1000‰$$

$$= \frac{\sqrt{12.5^2 + 10.5^2}}{15000} \times 1000‰$$

$$= 1‰$$

直线杆塔结构倾斜的允许值为 3‰,根据以上计算,该塔的实际倾斜值为 1‰,故其质量满足表 9-2 现行国家标准 GB 50233—2005《110～500kV 架空送电线路施工及验收规范》的要求。

表 9-2　　　　　　　　杆塔组立允许偏差

| 偏差项目 | 允许偏差值 | | | |
|---|---|---|---|---|
| | 110kV | 220～330kV | 500kV | 高塔 |
| 电杆结构根开 | ±30mm | ±5‰ | ±3‰ | — |
| 电杆结构面与横线路方向扭转（即迈步） | 30mm | 1‰ | 5‰ | — |
| 双立柱杆塔横担在主柱连接处的高差 | 5‰ | 3.5‰ | 2‰ | — |
| 直线杆塔结构倾斜 | 3‰ | 3‰ | 3‰ | 1.5‰ |
| 直线杆结构中心与中心桩间横线路方向位移（mm） | 50 | 50 | 50 | — |
| 转角杆结构中心与中心桩间横、顺线路方向位移（mm） | 50 | 50 | 50 | — |
| 等截面拉线塔立柱弯曲 | 2‰ | 1.5‰ | 1‰，最大 30mm | — |

**注**　高塔是指按大跨越设计,塔高在 100m 以上的铁塔。

4. 螺栓紧固检查

杆塔质量检查应首先对本身各种材质进行检查,使材质符合相应规范和工艺标准。

杆塔连接螺栓应逐个紧固,4.8 级螺栓的扭紧力矩不应小于表 9-3 的规定。4.8 级以上的螺栓扭矩标准值由设计规定,若设计无规定时,宜按 4.8 级螺栓的扭紧力矩标准执行。

表9-3 螺栓紧固扭矩标准

| 螺栓规格 | 扭矩值（N·m） | 螺栓规格 | 扭矩值（N·m） |
|---|---|---|---|
| M12 | 40 | M20 | 100 |
| M16 | 80 | M24 | 250 |

螺杆与螺母的螺纹有滑牙或螺母的棱角磨损以致扳手打滑的螺栓必须更换。

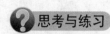 思考与练习

问答题

1. 直线双杆应该检查哪些项目？

2. 铁塔组立质量应满足哪些标准？

单元十

# 架空线弧垂观测及检查

当线路全线杆塔组立完毕，并经检查合格后，即在杆塔上架设导线和避雷线（合称为架空线）。在架线工程中有放线、紧线、弧垂观测和附件安装等工作。本单元介绍弧垂观测及检查方法。

架空线弧垂是指以杆塔为支持物而悬挂起来的呈弧形状的曲线。架空线任一点至两端悬挂点连线的铅垂距离称为架空线该点的弧垂。

架空线弧垂用 $f$ 表示。在架空线档距内，当两端悬挂点等高时，其最大弧垂处于档距中点，如图 10-1 所示；当两端悬挂点不等高时，两悬挂点高差 $h$，其最大弧垂是指平行于两悬挂点连线的直线 $A_1B_1$ 与架空线相切的切点到悬挂点连线之间的

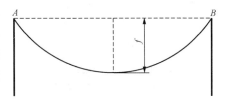

图 10-1  悬挂点等高时的弧垂

铅垂距离，即平行四边形切点的弧垂，如图 10-2 所示，这个切点仍位于档距中央，所以架空线最大弧垂也称中点弧垂。$f_1$ 和 $f_2$ 分别是小平视弧垂和大平视弧垂。

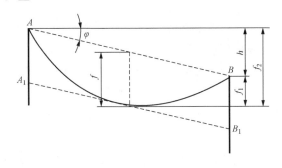

图 10-2  悬挂点不等高时的弧垂

为了使架空线在任何气象条件下，都能保证导线对地、对被交叉跨越物的电气距离符合技术规程的要求；同时架空线对杆塔的作用力必须满足杆塔强度条件。因此，设计时根据所在地区气象条件、架空线参数、档距及悬挂点高差等条件，通过一系列计算，确定架空线适当的弧垂值。施工时，根据设计资料以及现场实际情况，计算出观测档的弧垂值，并进行精确的弧垂观测，这样才能保证施工质量，从而提高线路的安全运行。

## 课题一　弧垂观测档的选择及弧垂值的计算

**学习目标**

1. 会进行弧垂观测档的选择。

2. 掌握进行观测档未联耐张绝缘子串的弧垂值的计算。

**知识点**

1. 弧垂观测档的选择。

2. 观测档弧垂的计算。

**技能点**

弧垂观测档的选择及计算。

**学习内容**

紧线前，施工单位需根据线路塔位明细表中耐张段的技术数据、线路平断面定位图和现场实际情况，选择弧垂观测档。根据耐张段的代表档距，按不同温度给出的代表档距下的弧垂值，计算出观测档的弧垂值。

**一、弧垂观测档的选择**

一条线路由若干个耐张段构成，每 1 个耐张段至少由 1 个档或多个档组成，仅 1 个档的耐张段称为孤立档；由多个档组成的耐张段称为连续档。孤立档按设计提供的安装弧垂数据观测该档即可；在连续档中，并不是每个档都进行弧垂观测，而是从 1 个耐张段中选择 1 个或几个观测档进行观测。为了使整个耐张段内各档的弧垂都达到平衡，应根据连续档的多少，确定观测档的档数和位置。对观测档的选择有下列要求：

（1）耐张段在 5 档及以下档数时，选择靠近中间的一档作为观测档。

（2）耐张段在 6 档至 12 档时，靠近耐张段的两端各选一档作为观测档。

（3）耐张段在 12 档以上时，靠近耐张段的两端和中间各选一档作为观测档。

（4）观测档应选择档距较大和悬挂点高差较小及接近代表档距的档。

（5）弧垂观测档的数量可以根据现场条件适当增加，但不得减少。

**二、观测档弧垂的计算**

观测档的弧垂值 $f$ 是根据线路施工图中的塔位明细表，按观测档所在耐张段的代表档距和紧线时的气温查取安装弧垂曲线（图 10－3）中对应的弧垂值，再根据观测档的档距等因素进行计算。在计算时，还须考虑观测档内有无耐张绝缘子串、悬挂点高差以及观测点选择的位置等条件。

（1）档距两端架空线悬挂点等高时的弧垂计算式为

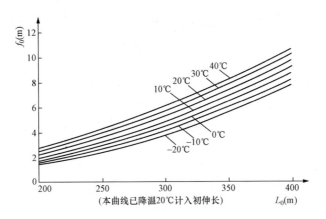

图 10 - 3　某架空线路安装弧垂曲线

$$f=\frac{gl^2}{8\sigma_0} \tag{10-1}$$

式中　　$g$——架空线比载，N/（m·mm²）；

　　　　$l$——档距，m；

　　　　$\sigma_0$——架空线最低点应力，N/mm²。

弧垂与档距的平方成正比，即档距大小对弧垂值的影响是很大的，所以选定观测档后，一定要复测该档档距是否正确，确保弧垂与档距相适应。

（2）观测档弧垂计算

1）观测档架空线未连耐张绝缘子串时，当悬挂点高差角 $\varphi<10°$时，观测档中点弧垂为

$$f=\left(\frac{l}{l_0}\right)^2 f_0 \tag{10-2}$$

式中　　$l$——观测档档距，m；

　　　　$l_0$——观测档所在耐张段的代表档距，m；

　　　　$f_0$——对应于代表档距的弧垂，m。

2）观测档架空线未连耐张绝缘子串时，当悬挂点高差角 $\varphi\geqslant10°$时，悬挂点高差 $h\geqslant10\%L$ 时，档距中点弧垂为

$$f_\varphi=\frac{f_0}{\cos\varphi}\left(\frac{l}{l_0}\right)^2 \tag{10-3}$$

其中　　　　　　　　　　　$\varphi=\arctan\frac{h}{l}$

式中　　$h$——悬挂点高差，m。

133

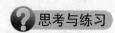

**思考与练习**

**问答题**

1. 什么是架空线弧垂?

2. 观测档的弧垂如何选择?

# 课题二　弧　垂　观　测

**学习目标**

掌握进行弧垂观测的常用方法。

**知识点**

1. 弧垂观测方法。

2. 弧垂检查。

3. 弧垂观测注意事项。

**技能点**

弧垂观测的常用方法。

**学习内容**

**一、弧垂观测方法**

架空线弧垂观测的方法一般有等长法(平行四边形法)、异长法、角度法和平视法。

1. 等长法

等长法又称平行四边形法,是最常用的观测弧垂的方法。等长法观测弧垂图如图 10 - 4 所示。

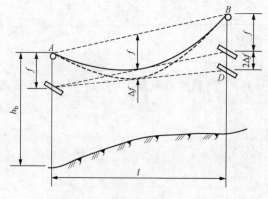

图 10 - 4　等长法观测弧垂示意图

从观测档两侧架空线悬挂点垂直向下量取选定的弧垂观测值,绑上弧垂板。调整架空线的拉力,当架空线与弧垂板连线相切时,中间弧垂即为施工要求之弧垂。

用等长法观测弧垂,当气温变化而引起弧垂变化时,可移动一侧的弧垂板进行调整,调整量是弧垂变化值 $\Delta f$ 的 2 倍,若气温变化较大,则需重新在观测档两侧设置弧垂板。

等长法观测弧垂的精度是随架空线悬挂点高差的增大而降低的。当悬挂点高差为零时，其切点在架空线弧垂最低点，此时观测弧垂精度最高；若悬挂点高差增大，则其视线也随之倾斜，切点将远离架空线弧垂最低点，弧垂的精度将降低。

一般当架空线悬挂点高差 $h<10\%L$ 时，适用等长法观测弧垂。

2. 异长法

观测档两侧弧垂板绑扎位置不等长的弧垂观测方法称为"异长法"，又称不等长法。异长法观测弧垂如图 10-5 所示。采用异长法观测弧垂时，先选择一侧悬挂点至弧垂板绑扎点的距离 $a$ 值（$a\neq f$），使视线切点尽量靠近弧垂最低点。

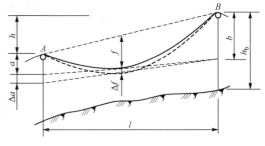

图 10-5　异长法观测弧垂示意图

然后根据关系式 $\sqrt{a}+\sqrt{b}=2\sqrt{f}$ 算出观测档另一侧架空线悬挂点至弧垂板的距离 $b$，即

$$b=\left(2\sqrt{f}-\sqrt{a}\right)^2 \tag{10-4}$$

式中　$f$——观测档施工弧垂；

　　　$a$——观测档一端所选择的架空线悬挂点至弧垂板绑扎点的距离。

然后在观测档另一侧架空线悬挂点垂直下方量取 $b$ 值，绑上弧垂板。调整架空线拉力，当架空线与弧垂板连线相切时，中间弧垂即为施工要求之弧垂。

用异长法观测弧垂，当气温变化而引起弧垂变化时，可移动一侧的弧垂板进行调整，调整距离 $\Delta a$ 的计算式为

$$\Delta a=2\Delta f\sqrt{\frac{a}{f}} \tag{10-5}$$

3. 角度法

角度法是使用经纬仪观测弧垂的一种方法，可分为档端角度法、档外角度法、档内角度法以及档侧角度法。

角度法中其他方法需测的量多，计算量比较大，引起误差可能性多，一般较少使用，下面主要介绍档端角度法观测弧垂的方法。

观测档内不连有耐张绝缘子串。如图 10-6 所示，将仪器安置在架空线悬挂点的垂直下方，用测竖直角测定架空线的弧垂。紧线时，调整架空线的张力，使架空线稳定时的弧垂与望远镜的横丝相切，观测档的弧垂即为确定。

根据图 10-6 中的三角函数关系，弧垂的观测角 $\varphi$ 可写为

$$\varphi = \arctan \frac{\pm h + a - b}{l} \qquad (10-6)$$

式中　$a$——仪器横轴中心至架空线悬挂点的垂直距离；

　　　$b$——仪器横丝在对侧杆塔悬挂点的铅垂线的交点至架空线悬挂点的垂直距离。

当仪器在低侧时，式（10-6）中 h 取"＋"号；当仪器在高侧时，h 取"－"号。计算出 $\varphi$ 角，正值为仰角，负值为俯角。

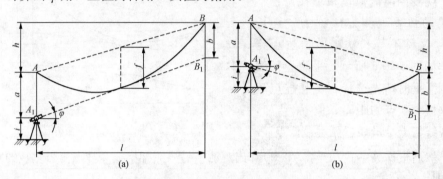

图 10-6　档端角度法观测弧垂

（a）低悬挂点侧观测弧垂图；（b）高悬挂点侧观测弧垂图

由异长法观测弧垂时的 $b$ 值计算公式可知

$$b = \left(2\sqrt{f} - \sqrt{a}\right)^2 = 4f - 4\sqrt{fa} + a$$

将上式代入式（10-6）得

$$\varphi = \arctan \frac{\pm h + a - \left(4f - 4\sqrt{fa} + a\right)}{l}$$

$$= \arctan \frac{\pm h - 4f + 4\sqrt{fa}}{l} \qquad (10-7)$$

式（10-7）中 $f$ 按式（10-2）或式（10-3）计算。

紧线前，按弧垂观测时的预计气温，计算出不同气温时的弧垂 $f$，制成弧垂观测表；紧线时，当观测仪器经整平、对中，并量取仪高后，按当时气温查取弧垂值，计算观测竖直角 $\varphi$，调整竖盘使竖直角等于 $\varphi$。待架空线弧垂稳定正好与视线相切，弧垂 $f$ 即已测定。

4. 平视法

平视法是采用水准仪或经纬仪使望远镜视线水平地观测弧垂的方法。当架空线经过大高差、大档距以及特殊地形情况下，前面所述的方法不能观测时，可采用本法观测。

（1）观测方法及计算公式。图 10 - 7 是平视法观测弧垂的示意图，图中 $f$ 是用弧垂计算公式计算的观测档弧垂值。观测时，为了摆放经纬仪（或水平仪），必须计算出仪器镜中心至观测档架空线两悬挂点间的垂直距离。仪器横轴中心至架空线低侧悬挂点的垂直距离 $f_1$ 称为小平视弧垂；至架空线高侧悬挂点的垂直距离 $f_2$ 称为大平视弧垂，将仪器安置在预先根据大小弧垂和线路

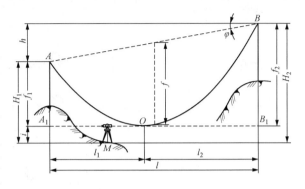

图 10 - 7　平视法观测弧垂

纵断面图测定的弧垂观测站 $M$ 点上，使望远镜调至水平状态。紧线时调整架空线的张力，待架空线稳定时，其最低点与望远镜水平横丝相切，即测定了观测档的弧垂。$f_1$ 和 $f_2$ 分别由下面所述的公式计算。

观测档内不连耐张绝缘子串时，如图 10 - 7 所示。

$$f_1 = f\left(1 - \frac{h}{4f}\right)^2 \tag{10 - 8}$$

式中　$f$——档距中点弧垂，按式（10 - 2）或式（10 - 3）计算；

　　　$h$——观测档两侧悬挂点间的高差。

$$f_2 = f\left(1 + \frac{h}{4f}\right)^2 \tag{10 - 9}$$

式（10 - 9）参数含义同式（10 - 8）。

（2）平视法观测弧垂的适用范围。从计算小平视弧垂 $f_1$ 的计算公式（10 - 8）或式（10 - 9）可以看出，本法的适用条件是

$$4f - h > 0$$

即

$$4f > h$$

上式表明，当悬挂点的高差 $h$ 值小于 4 倍弧垂 $f$ 值时，才可使用平视法观测弧垂。因此，采用平视法前，一定要认真核对架空线悬挂点高差与该档观测弧垂大小，只有符合 $4f > h$ 情况下，才可使用平视法进行弧垂观测。

## 二、弧垂检查

架线工程竣工后，应对导线、避雷线的弧垂进行复核检查，其结果应符合现行技术规范 GB 50233—2005《110～500kV 架空送电线路施工及验收》的规定。相间弧垂允许不平衡最大值见表 10 - 1。

**表 10-1**　　　　　　　　　　相间弧垂允许不平衡最大值

| 线路电压等级 | 110kV | 220kV 及以上 |
|---|---|---|
| 允许偏差 | +5%，−2.5% | ±2.5% |

下面介绍用异长法、档端角度法检查弧垂的方法。

1. 异长法检查弧垂

用异长法观测弧垂是根据观测档的弧垂 $f$，选定适当的 $a$ 值，计算出 $b$ 值。而检查弧垂时，根据 $a$、$b$ 值反过来推算实际弧垂 $f$ 值。

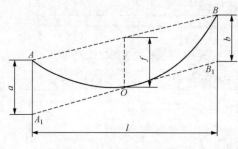

图 10-8　异长法检查弧垂

检查方法如图 10-8 所示，在检查档一侧选定适当的 $a$ 值，作为观测点，如图中的 $A_1$ 点，水平绑扎一块弧垂板，视线从弧垂板的上部边缘与架空线弧垂 $O$ 点相切，使 $A_1O$ 视线的延长线相交于另一侧杆塔 $B_1$ 处，量出架空线悬挂点 $B$ 至 $B_1$ 点的垂直距离 $b$ 值，则该档的实际弧垂值按下式计算

$$f=\frac{1}{4}\left(\sqrt{a}+\sqrt{b}\right)^2 \tag{10-10}$$

**【例 10-1】**　设检查 110kV 线路某观测档弧垂时，测得 $a=8\mathrm{m}$，$b=4\mathrm{m}$。试求检查档的实际弧垂 $f$ 值。

**解：** 用式（10-10）计算，得

$$f=\frac{1}{4}\left(\sqrt{a}+\sqrt{b}\right)^2=\frac{1}{4}\left(\sqrt{8}+\sqrt{4}\right)^2=5.83 \text{（m）}$$

设检查时的标准弧垂为 5.96m，则

$$弧垂偏差值=\frac{5.83-5.96}{5.96}\times100\%=-2.2\%$$

本例弧垂偏差小于表 10-1 中允许偏差值，所以实际弧垂符合质量标准的要求。

2. 档端角度法检查弧垂

采用档端角度法检查弧垂，先测出实际弧垂观测角 $\varphi$ 值，然后反算出检查档的实际弧垂 $f$ 值，视其实际弧垂值与该气温时的计算弧垂值的误差，是否符合表10-1 的规定。检查方法及步骤如下：

（1）将仪器安置在架空线悬挂点 $A$ 的垂直下方，如图 10-9 所示。实测出 A 点至仪器横轴中心的垂直距离 $a$ 值，实测检查档的水平距离 $l$。

(2) 望远镜视线瞄准另一侧架空线的悬挂点 $B$，用测竖直角的方法测出图 10-9 中的竖直角 $\varphi_1$ 值；再使望远镜视线与架空线弧垂相切，测出平均竖直角 $\varphi$ 值。则图 10-9（a）中的 $b$ 及 $f$ 值按下列公式计算

$$b = l(\tan\varphi_1 - \tan\varphi) \tag{10-11}$$

将式（10-11）代入式（10-10），得

$$f = \frac{1}{4}(\sqrt{a} + \sqrt{b})^2 = \frac{1}{4}\left[\sqrt{a} + \sqrt{l(\tan\varphi_1 - \tan\varphi)}\right]^2 \tag{10-12}$$

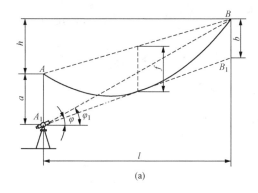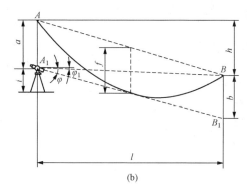

图 10-9　档端角度法检查弧垂

（a）观测点在悬挂点低端；（b）观测点在悬挂点高端

(3) 按检查时的气温、检查档档距以及代表档距，用弧垂计算公式（10-2）或式（10-3）计算出检查档的计算弧垂与实测弧垂的弧垂误差 $\Delta f$，以衡量其是否符合弧垂的质量标准。

### 三、弧垂观测注意事项

(1) 选择合适的观测方法。对于档距较小、弧垂不大（弧垂最低点高于两杆塔根部连线）、架空线两悬挂点高差不大、地形较平坦的观测，一般采用异长法或等长法。操作简便，减少了现场的计算量（特别是等长法），但由于是目视（或望远镜）进行观测，精度不高，三点一线时会产生误差，影响弧垂。所以，对于档距大、弧垂大及架空线两悬挂点高差较大时，一般采用角度法观测。由于是用仪器测竖直角来观测弧垂，因而精度较高，操作也简单。档端法因计算工作量小，使用最多，当 $a < 3f$ 时优先选用档端角度法。

当观测档存在大高差 $h$、大弧垂 $f$、大档距、特殊地形，且高差值小于 4 倍弧垂值（即 $h < 4f$）时可以采用平视法观测弧垂。操作简便、计算工作量小、精度高，但要注意仪器的竖盘指标差，因为会影响视线的水平。

(2) 紧线时，由于放线滑车的摩擦阻力，往往是前面弧垂已满足要求而后侧还

未达到。因此，在弧垂观察时，应先观察距操作（紧线）场地较远的观察档，使之满足要求，然后再观察、调整近处观测档弧度。

（3）当多档紧线时，几个弧垂观测档的弧垂不能都达到各自要求值时，如弧垂相差不大，对两个观测档的按较远的观测档达到要求为准；3 个观察档的则以中间一个观测档达到要求为准。如弧垂相差较大，应查找原因后再作处理。

（4）对复导线的弧垂观察，应采用仪器进行，以免因目视弧垂的误差较大，造成复导线两线距离不匀。

（5）观测弧垂时，应顺着阳光且宜从低处向高处观察，并尽可能选择前方背景较清晰的位置观察。

（6）观测弧垂应在白天进行，如遇大风、雾、雪等天气影响弧垂观测时，应暂停观测。

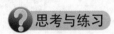

**思考与练习**

**问答题**

1. 弧垂观测的常用方法有哪些？
2. 弧垂观测应注意哪些事项？

# 参 考 文 献

[1] 唐云岩. 送电线路测量. 北京：中国电力出版社，2004.

[2] 马遇. 测量放线工（初级）. 北京：机械工业出版社，2006.

[3] 边境，陈代华. 测量放线工基本技术. 金盾出版社，2001.

[4] 曾贤华. 输电线路测量. 北京：水利电力出版社，1990.

[5] 李寿冰，张中惠. 园林测量. 北京：中国电力出版社，2010.

[6] 上海超高压输变电公司. 输电线路. 北京：中国电力出版社，2006.